好老婆必学

老公这样吃
身体棒，精力足

甘智荣 主编

吉林科学技术出版社

图书在版编目（ＣＩＰ）数据

好老婆必学 老公这样吃身体棒，精力足 / 甘智荣
主编． -- 长春 ：吉林科学技术出版社，2015.6
ISBN 978-7-5384-9316-0

Ⅰ．①好… Ⅱ．①甘… Ⅲ．①食谱
Ⅳ．① TS972.12

中国版本图书馆 CIP 数据核字（2015）第 124985 号

好老婆必学 老公这样吃身体棒，精力足

Haolaopo Bixue Laogong Zheyangchi Shentibang Jinglizu

主　　编	甘智荣
出 版 人	李　梁
责任编辑	李红梅
策划编辑	黄　佳
封面设计	伍　丽
版式设计	谢丹丹
开　　本	723mm×1020mm　1/16
字　　数	200千字
印　　张	15
印　　数	10000册
版　　次	2015年7月第1版
印　　次	2015年7月第1次印刷

出　　版	吉林科学技术出版社
发　　行	吉林科学技术出版社
地　　址	长春市人民大街4646号
邮　　编	130021

发行部电话/传真　0431-85635177　85651759　85651628
　　　　　　　　　　　　　　 85677817　85600611　85670016

储运部电话　0431-84612872
编辑部电话　0431-86037576
网　　址　www.jlstp.net
印　　刷　深圳市雅佳图印刷有限公司

书　　号　ISBN　978-7-5384-9316-0
定　　价　29.80元

CONTENTS
目录

Part 1
好老婆必读，
老公吃好很重要

Part 2
浓情蜜意，
倾情奉上

● 清爽凉拌菜

Part 3

爱心和营养，
送给这样的老公

奇妙的法术，
爱心菜肴功效佳

好老婆必读，

老公吃好很重要

想要老公吃好，老婆首先需要了解一些基础知识，不能打无准备之仗。比如，老公的饮食中都需要哪些营养素？这些营养素都存在于哪些食物中？老公的一日三餐有哪些搭配方面的讲究？怎样能让老公吃得更健康？怎样的烹饪方法才是最健康的？只有先掌握了这些内容，才能更好地调配老公的饮食，让老公吃得好，吃得健康！

健康饮食，全面营养

健康均衡的饮食离不开全面的营养。蛋白质、脂肪、碳水化合物以及各种维生素、矿物质、膳食纤维等都是不可或缺的。

蛋白质——生命的守护者

蛋白质是组成人体的重要成分之一。食物中蛋白质的各种人体必需氨基酸的比例越接近人体蛋白质的组成，就越容易被人体消化吸收，其营养价值也就越高。一般来说，动物性蛋白质在各种人体必需氨基酸组成的比例上更接近人体蛋白质，是优质蛋白质。

①蛋白质的作用

蛋白质是生命的物质基础，是机体细胞的重要组成部分，是人体组织更新和修补的主要原料。人体的毛发、皮肤、肌肉、骨骼、内脏、大脑、血液、神经、内分泌系统等都是由蛋白质组成。

②食物来源

蛋白质的主要来源是肉、蛋、奶和豆类食品。含蛋白质多的食物包括：畜肉类，如牛、羊、猪、狗等；禽肉类，如鸡、鸭、鹌鹑等；海鲜类，如鱼、虾、蟹等；蛋类，如鸡蛋、鸭蛋、鹌鹑蛋等；奶类，如牛奶、羊奶、马奶等；豆类，如黄豆、黑豆等。此外，芝麻、瓜子、核桃、杏仁、松子等干果类食品的蛋白质含量也很高。

脂类——提供能量

人身体内部的消化、新陈代谢要有能量的支持才能完成。这个能量供应者就是脂肪。脂肪酸分为饱和脂肪酸和不饱和脂肪酸两大类。亚麻油酸、次亚麻油酸、花生四烯酸等均属在人体内不能合成的不饱和脂肪酸，只能由食物供给，又称作必需脂肪酸。必需脂肪酸主要含在植物油中，在动物油脂中含量较少。

①脂肪的作用

脂肪是构成人体组织的重要营养物质，在大脑活动中起着重要的、不可替代的作用。脂肪具有为人体储存并供给能量，保持体温恒定及缓冲外界压力、保护内脏等作用，并可促进脂溶性维生素的吸收，是身体活动所需能量的最主要来源。

②食物来源

富含脂肪的食物有花生、芝麻、蛋黄、动物类皮肉、花生油、豆油等。

/ 碳水化合物——机体的主要成分 /

如果问我们的大脑最离不开哪种营养物质，那就是——糖类。糖类又称为碳水化合物，是人体热量的主要来源，为全身细胞，包括脑细胞提供能源。碳水化合物是人类从食物中取得能量最经济和最主要的来源。食物中的碳水化合物分成两大类：一类是人可以吸收利用的有效碳水化合物，如单糖、双糖、多糖，另一类是人不能消化的无效碳水化合物。碳水化合物是一切生物体维持生命活动所需能量的主要来源。它不仅是营养物质，而且有些还具有特殊的生理活性，如肝脏中的肝素有抗凝血作用。

①碳水化合物的作用

碳水化合物是人体能量的主要来源。它具有维持心脏正常活动、节省蛋白质、维持脑细胞正常功能、为机体提供热能及保肝解毒等多方面的作用。

②食物来源

碳水化合物的食物来源有粗粮、杂粮、蔬菜及水果几大类，具体有大米、小米、小麦、燕麦、高粱、西瓜、香蕉、葡萄、核桃、杏仁、榛子、胡萝卜、红薯等。

/ 维生素——生命元素 /

维生素既不参与构成人体细胞，也不为人体提供能量，但它在人体生长、发育、代谢的过程中发挥着重要的、不可或缺的作用。人体一共需要13种必要维生素，如维生素A、B族维生素、维生素C、维生素D、维生素H、维生素P等。

①维生素A

维生素A又叫视黄醇、抗干眼病维生素，具有维持人的正常视力、维护上皮组织细胞的健康和促进免疫球蛋白的合成的功能。富含维生素A的食物有鱼肝油、牛奶、蜂蜜、木瓜、香蕉、胡萝卜、西蓝花、西红柿等。

②维生素B_1

维生素B_1又称硫胺素或抗神经炎素，具有调节神经系统生理活动的作用。富含维生素B_1的食物有谷类、豆类、干果类、硬壳果类。

③维生素B_2

维生素B_2又叫核黄素，在碳水化合物、蛋白质和脂肪的代谢中起重要作用，可促进生长发育，维护皮肤和细胞膜的完整性，消除口舌炎症，增进视力，减轻眼睛疲劳。维生素B_2的食物来源有奶类、蛋类、鱼肉、肉类、谷类、新鲜蔬菜与水果等动植物食物中。

④维生素B_{12}

维生素B_{12}有预防贫血和维护神经系统健康的作用，还可有效预防中老年痴呆、抑郁症等疾病，对保持中老年人身体健康起着非常重要的作用。维生素B_{12}主要来源于肉类及其制品，包括动物内脏、鱼类、禽类、贝壳类软体动物、蛋类、乳及乳制品。

⑤维生素C

维生素C可以促进伤口愈合、增强机体抗病能力、改善贫血、提高免疫力等。维生素C主要来源于新鲜蔬菜和水果，如柑橘、橙子、草莓、猕猴桃、枣、西红柿、白菜、青椒等。

⑥维生素D

维生素D是钙磷代谢的重要调节因子之一，可以提高机体对钙、磷的吸收，促进生长和骨骼钙化，维持血液中柠檬酸盐的正常水平。维生素D的来源较少，主要有鱼肝油、沙丁鱼、小鱼干、动物肝脏和蛋类。

⑦维生素P

维生素P能防止维生素C被氧化而受到破坏，可以增强维生素C的效果。人体无法自身合成维生素P，因此必须从食物中摄取。柑橘类水果、杏、枣、樱桃、茄子、荞麦等都含有维生素P。

/ 矿物质——必备营养素 /

矿物质是人体内无机物的总称，是人体必需的元素。矿物质是无法自身产生、合成的，必须从食物中摄取。

①钙

钙是骨骼和牙齿的主要组成物质，对于骨骼的代谢和生命体征的维持有着重要的作用。钙还可以调节细胞和毛细血管的通透性和强化神经系统的传导功能等。钙的来源有乳制品、豆类与豆制品、海产品以及肉类与禽蛋如羊肉、猪肉等；蔬菜类如黑木耳、蘑菇等；水果与干果类如苹果、黑枣、杏仁、胡桃、南瓜子、花生、莲子等。

②铁

铁元素具有造血功能，是构成血红蛋白和肌红蛋白的元素。铁还在血液中起运输氧和营养物质的作用。缺铁会影响细胞免疫和机体系统功能，降低抵抗力。富含铁元素的食物有动物肝脏、肾脏、瘦肉、蛋黄、鸡、鱼、虾、豆类、菠菜、芹菜、油菜、苋菜、荠菜、黄花菜、西红柿、杏、桃、李、葡萄干、红枣、樱桃、核桃等。

③锌

锌是一些酶的组成要素，参与人体多种酶活动，参与核酸和蛋白质的合成，能提高人体的免疫功能。含锌较多的有牡蛎、瘦肉、西蓝花、鸡蛋、粗粮、核桃、花生、西瓜子、板栗、干贝、榛子、松子、腰果、黄豆、银耳、小米、萝卜、海带、白菜等。

/ 水——生命之源 /

水是生命之源。人体内的水分占到体重的65%，脑髓、血液、肌肉甚至骨骼里也含有水。可以说，没有水，就没有生命。水不仅是生命的必需品，还有很多功效。

水具有溶解消化功能。溶解于水中的物质有利于体内进行有效的化学反应。人体的消化液，如唾液、胃液、胰

液、肠液、胆汁等，其中水的含量高达90%以上。水具有参与代谢功能。在新陈代谢过程中，人体内物质交换和化学反应都是在水中进行的。水是各种化学物质在体内正常代谢的保证。水充当着体内各种营养物质输送的载体。比如运送氧气、维生素到全身；把尿素、尿酸等代谢废物运往肾脏，随尿液排出体外。水还具有滋润、稀释和排毒功能。水能使身体细胞经常处于湿润状态，保持肌肤丰满柔软。水具有稀释功能，肾脏排水的同时可将体内代谢废物、毒物及食入的多余药物等一并排出，减少肠道对毒素的吸收。

膳食纤维——抗癌卫士

膳食纤维是不易被消化的食物营养素，主要来自于植物的细胞壁，包含纤维素、半纤维素、树脂、果胶及木质素等。

①膳食纤维的作用

膳食纤维有增加肠道蠕动、增强食欲、减少有害物质对肠道壁的侵害、促使排便通畅、减少便秘及其他肠道疾病的发生的作用，同时膳食纤维还能降低胆固醇，以减少心血管疾病的发生，阻碍碳水化合物被快速吸收以减缓血糖快速上升。

②食物来源

膳食纤维的食物来源有糙米和玉米、小米、大麦等杂粮。此外，根菜类和海藻类中膳食纤维含量较多，如牛蒡、胡萝卜、薯类和裙带菜等。

植物营养素

植物营养素是一种天然的抗氧化剂。植物营养素是一种存在于天然植物中，对人体有益处的非基础营养素。植物营养素虽然种类繁多，每种植物中所含有的植物营养素都是不同的，但是目前发现并且已经应用在保健上的，主要有多酚类营养素和番茄红素等植物营养素。

比如针叶樱桃，其中不仅富含维生素C，而且富含一种能够促进维生素C吸收的类黄酮等植物营养素。

紫花松果菊和狭叶松果菊被开发为免疫增强剂，适合人们在短期内迅速提升免疫力，还具有抗病毒、抗细菌、抗炎等多种功效。

老公的饮食指南

现代生活的快节奏让男性更加忙碌，"营养失衡"这四个字对于一个不爱运动、每天8小时以上的时间与电脑为伴、每周至少三次宴会应酬的男人来说一点也不夸张。而长期营养失衡的结果是会带来各种各样的疾病，如性欲受挫、高血压、高血脂等。了解关系男性健康的营养素，才能让我们在忙碌的生活中不忘为健康加加油。

①硼——有效减轻前列腺癌

硼元素摄入量大的男性，患前列腺癌的几率比摄入量小的男性低65%。这说明摄入适量的硼可以有效减轻前列腺癌的发生。硼是广泛存在于水果和果仁中，多吃西红柿也会保护前列腺。

②叶酸——预防老年痴呆症

有研究者发现，男性早老年痴呆发生率高。半胱氨酸增高可以增加老年痴呆病的发生，从而出现智力减退、记忆力丧失等早期症状，另外半胱氨酸还是一种促进血液凝固的氨基酸。进一步的研究发现，叶酸可以有效地降低半胱氨酸水平，从而能够提高进入到大脑中的血液量，因此叶酸可以帮助预防动脉栓子形成。叶酸的食物来源包括柑橘、豆类。

③钙——强壮骨骼、减肥

研究发现摄入钙较多的男性骨骼较为强壮，而且比摄入量少的男性平均起来要苗条一些，适当补充钙质还具有减肥疗效。男性每天推荐摄入钙的量为1克，但大部分男性都做不到这一点。含钙较多的有牛奶、奶酪、鸡蛋、豆制品、海带、紫菜、虾皮等。

④甲壳素——减轻关节疼痛

甲壳素可以减轻关节疼痛，并使关节的强度增强25%，还可以预防进行性风湿性膝关节炎。在环境污染日益严重的今天，甲壳素有助于减少体内重金属的积蓄并排出体内废物。饮食中添加虾蟹等食物可以增加甲壳素的摄入量。

⑤镁——提高男性生育能力

镁有助于调节人的心脏活动，降低血压，预防心脏病。提高男士的生育能力。建议男士早餐应吃2碗加牛奶的燕麦粥和1个香蕉。含镁较多的食物有大豆、烤土豆、核桃仁、燕麦粥、通心粉、叶菜和海产品。

让老公吃得健康有讲究

日常饮食不仅关系到营养的均衡，还关系到全家的健康。那么，怎么样才能让家人吃得健康有讲究呢？

/ 谨遵 "膳食宝塔" 平衡膳食 /

我们的食物是多种多样的。各种食物所含的营养成分不完全相同，所提供的营养物质也有所不同。平衡膳食必须由多种食物组成，才能满足人体各种营养需求，达到合理营养、促进健康的目的。因此，膳食宝塔是为了帮助人们在日常生活中合理饮食、保持身体健康而制定的，以直观地告诉居民每日应摄入的食物种类和合理数量。

膳食宝塔共分五层，包含我们每天应吃的主要食物种类。根据膳食宝塔各层位置和面积不同，可以反映出各类食物在膳食中的地位和应占的比重。谷类食物位居底层，每人每天应该吃250～400克。谷类食物是我国传统膳食的主体，也是人体能量的主要来源。谷类包括米、面、杂粮，可以避免高能量、高脂肪和低碳水化合物膳食的弊端。食用谷类食物要注意粗细搭配，经常吃一些粗粮、杂粮和全谷类食物。稻米、小麦不要研磨得太精，以免所含维生素、矿物质和膳食纤维流失。

蔬菜和水果位于膳食宝塔的第二层。每天应吃300~500克的新鲜蔬菜和200~400克的新鲜水果。新鲜蔬菜和水果是人类平衡膳食的重要组成部分。蔬菜和水果能量低，是维生素、矿物质、膳食纤维和植物化学物质的重要来源。薯类含有丰富的淀粉、膳食纤维以及多种维生素和矿物质。富含蔬菜、水果和薯类的膳食能够保持身体健康，保持肠道正常功能，提高免疫力，降低患肥胖、糖尿病、高血压等慢性疾病风险。

鱼、禽、肉、蛋等动物性食物位于第三层，每天应该吃125~225克(鱼虾类50~100克，畜、禽肉50~75克，蛋类25~50克)。鱼、禽、蛋和瘦肉均属于动物性食物，是优质蛋白、脂类、脂溶性维生素、B族维生素和矿物质的良好来源，是平衡膳食的重要组成部分。

奶类和豆类食物位于第四层，每天应吃相当于鲜奶300克的奶类及奶制品和相当于干豆30~50克的大豆及制品。奶类中含有非常丰富的优质蛋白质和维生素外，含钙量也比较高，是补钙佳品。饮奶量多或有高血脂和超重肥胖倾向者应选择低脂、脱脂奶。大豆者含有非常丰富的优质蛋白质、必需脂肪酸、多种维生素和膳食纤维，还含有磷脂、低聚糖，以及异黄酮、植物固醇等多种植物化学物质。应适当多吃大豆及其制品，建议每人每天摄入30~50克大豆或相当量的豆制品。

第五层塔顶是烹调油和食盐，每天烹调油不超过25克，食盐不超过6克。

食物多样，粗细搭配

青壮年人群的饮食要做到食物多样，既要有米、面、杂粮等谷类食物，也要有各种蔬菜、水果和薯类补充多种维生素和膳食纤维；每天吃适量的奶类、大豆及其制品补充优质蛋白质和钙；常吃适量的鱼、禽、蛋和瘦肉，提供优质蛋白、脂类、脂溶性维生素、B族维生素和矿物质。

减少烹调油用量，清淡饮食

脂肪是人体能量的重要来源之一，并可提供必需脂肪酸，但是脂肪摄入过多是引起肥胖、高血脂、动脉粥样硬化等多种慢性疾病的危险因素之一。另外，膳食中盐的摄入量过高与高血压的患病率密切相关。因此，应养成吃清淡少盐膳食的习惯，不要太油腻，不要太咸，不要摄食过多的动物性食物和油炸、烟熏、腌制食物。

食不过量，保持运动

控制进食量和保持运动是保持健康体重的两个主要因素。食物提供人体能量，运动消耗能量。如果进食量过大而运动量不足，多余的能量就会在体内以脂肪的形式积存下来，造成超重或肥胖；若食量不足，可由于能量不足引起体重过低或消瘦。

每天足量饮水，合理选择饮料

水是生命的重要组成部分，在生命活动中发挥着重要功能。饮水不足或过多都会对人体健康带来危害。饮水应少量多次，要主动，不要感到口渴时再喝水。饮水最好选择白开水。

注意，三餐要吃得有原则

我们每天都要吃三顿饭，但是你知道这一日三餐也是要吃得有原则的么？简单地说，早餐吃好，午餐吃饱，晚餐吃少，这么简单的一句话其实非常重要。

/ 早餐要吃饱、吃好 /

早餐要吃好，午餐要吃饱，晚餐要吃少。营养学家建议，早餐应摄取约占全天总热能的30%，午餐约占40%，晚餐约占30%。而在早餐能量来源比例中，碳水化合物提供的能量应占总能量的55%～65%，脂肪应占20%～30%，蛋白质占11%～15%。早晨如果能量得不到及时、全面的补充，上午就会感到注意力不集中、思维迟钝，致使工作效率低下。

/ 午餐补充全天能量 /

午餐在一日三餐中是最重要的，为整天提供的能量和营养素都是最重的，分别占了40%，对人在一天中体力和脑力的补充。所以午餐不只要吃饱，更要吃好。

①足够的碳水化合物

午餐的碳水化合物要足够，这样才能提供脑力劳动所需的糖分。碳水化合物主要来自于谷类，宜选择淀粉含量高的谷类，如米饭、面条等。

②高质量的蛋白质

蛋白质可提高机体的免疫力，帮助稳定餐后血糖，为人体提供能源。高质量的蛋白质来源有肉、鱼、豆制品。但由于有些高蛋白质食物脂肪含量也高，因此要控制好摄入量，最好多选择脂肪含量少的豆制品和鱼类。

/ 晚餐吃少、吃好保健康 /

晚餐千万不能吃得过撑。晚餐的时间最好安排在18时左右，尽量不要超过20时。晚餐后不要立刻就寝，否则会影响消化。

晚餐应选择含纤维和碳水化合物多的食物。蔬菜一定要吃。面食可适量减少，适当吃些粗粮。可以少量吃一些鱼类。晚上尽量不要吃水果、甜点、油炸食物。

献给你的健康烹调技法

　　同样的食材，烹饪方法在一定程度上会改变食物的味道和营养。所以，科学的烹饪方式是非常重要的。

蔬菜要选新鲜的

　　选购蔬菜的时候一定要选购新鲜的。如选购西芹要选色泽鲜绿、叶柄厚的；芥蓝要选柔嫩鲜脆的；油麦菜宜选叶片鲜嫩、无斑点、用手掰断脆嫩多汁的；韭菜以春季出产的品质最佳，晚秋的次之，要选带有光泽、结实而新鲜水嫩的；菠菜应选叶色较青、新鲜、无虫害的；苦菊宜挑选鲜嫩、无枯叶、无病叶、无老根、株形整齐的；包菜要挑选结球紧实、无老帮、无焦边、无侧芽萌发，无病虫害损伤的；白菜要挑选包得紧实、新鲜、无虫害的；苋菜要选择叶片大而完整、颜色紫红、比较鲜嫩的；苦瓜要选果瘤颗粒饱满的；丝瓜要挑选头尾粗细均匀、表皮为嫩绿色或淡绿色的，挑选有棱丝瓜时候，要选择褶皱间隔均匀的；冬瓜要选皮较硬、肉质密、种子成熟变成黄褐色的；黄瓜以色泽亮丽、外表有刺状凸起、新鲜、水分充足者为佳；西红柿要挑选个大、饱满、色红成熟、紧实的；茄子要挑选均匀周正、老嫩适度、表皮完好、皮薄、子少、肉厚、细嫩的；西兰花要挑选花蕾紧密结实、花球表面无凹凸、整体有隆起感、拿起来没有沉重感的。

烹调主食的时候需要注意以下几点

　　（1）淘米的时候不要用力搓洗，只要轻轻洗去杂质和沙子即可。另外，还要尽量减少淘洗米的次数，一般不宜超过两次。专家告诉你：淘米次数不可过多，一般用清水淘洗两遍即可，更不要使劲揉搓，因为每淘洗一次，硫胺素会损失31%以上，核黄素损失25%左右，蛋白质损失16%左右，脂肪损失43%左右。

　　（2）蒸米饭不要采用捞饭法，采用捞饭法的时候也要尽量保留米汤，因为米汤中含有很多营养成分。最好的方法是用焖饭法。

（3）煮粥的时候不要加碱，否则会破坏其中的B族维生素。但是煮玉米粥的时候可以加碱，因为玉米中所含有的结合型烟酸不易被人体吸收，加碱能使结合型烟酸变成游离型烟酸，为人体所吸收利用。

（4）蒸馒头的时候最好用鲜酵母发酵，尽量不要加碱，否则会破坏维生素。

（5）少用油炸，多用蒸、煮的方法。

（6）煮面条、水饺、馄饨时，尽量不要把汤丢弃，因为汤中的营养非常丰富。

烹调肉类食物的时候需要注意以下几点

（1）烹调肉类尽量采用炒、蒸、炖的方法，少用或不用煎、炸等方式。

（2）炖肉的时候不要只喝汤，不吃肉，因为大部分营养还是在肉里的。

烹调蔬菜的时候需要注意以下几点

（1）蔬菜要先洗后切，切好后不能在水里泡太长时间。蔬菜先洗后切与先切后洗营养差别很大。以新鲜绿叶蔬菜为例：在洗、切后马上测其维生素C的损失率是1%；切后浸泡10分钟，维生素C会损失16%；切后浸泡30分钟，维生素C会损失30%以上。切菜时一般不宜切太碎。可用手折断的菜，尽量少用刀。

（2）有些富含草酸的蔬菜如菠菜、茭白等需要先焯水，在烹饪，否则其中的草酸与钙结合，容易在体内形成结石。

（3）蔬菜要做到急火快炒，不要加冷水，最好以开水代替。

（4）要尽量做到"四随"，即随洗、随切、随炒、随吃。

（5）炒菜时不要过早放盐，最好在出锅之前放。青菜在制作时应少放盐，否则容易出汤，导致水溶性维生素丢失。炒菜出锅时再放盐，这样盐分不会渗入菜中，而是均匀撒在表面，能减少摄盐量。鲜鱼类可采用清蒸、油浸等少油、少盐的方法。肉类也可以做成蒜泥白肉、麻辣白肉等菜肴，既可改善风味又减少盐的摄入。

（6）在出锅前可以加适量淀粉勾芡。

浓情蜜意，

倾情奉上

对于每天辛勤工作的男性，营养的全面供应是必不可少的。畜肉、禽蛋、水产、素菜，这些营养丰富，但又各有特点的食材，老婆要变换着花样，频繁更换品种的来做给老公吃，以此保证老公营养的摄入，传达浓浓的爱意。本章针对每种类型的食材介绍了很多款不同的烹饪菜肴，供大家学习。

清爽凉拌菜

凉拌牛肉紫苏叶

难易度：★☆☆

烹饪时间：40分钟

功效：增强免疫力

原料：牛肉100克，紫苏叶5克，蒜瓣10克，大葱20克，胡萝卜250克，姜片适量

调料：盐4克，白酒10毫升，生抽8毫升，鸡粉2克，芝麻酱4克，香醋8毫升，芝麻油3毫升

• • 做法 • •

1 砂锅中注水烧热，倒入蒜瓣、姜片、牛肉，淋入白酒，加盐、生抽，用中火煮至熟软，捞出放凉。

2 洗净去皮的胡萝卜切细丝；放凉的牛肉切丝；洗好的大葱切成丝，放入凉水中；洗好的紫苏叶切去梗，再切丝。

3 取一个碗，放入牛肉丝、胡萝卜丝、大葱丝、紫苏叶。

4 加盐、香醋、鸡粉、芝麻油、芝麻酱，搅拌匀，装盘即可。

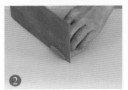

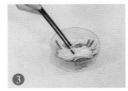

醋香凉皮

● 难易度：★☆☆

● 烹饪时间：4分钟　● 功效：降低血压

原料：凉皮270克，鲜香菇40克，黄瓜75克，胡萝卜60克，葱段少许

调料：盐2克，鸡粉少许，生抽5毫升，陈醋8毫升，芝麻油适量

做法

1 将洗净的香菇切片；洗好去皮的胡萝卜切细丝；黄瓜切丝；葱段切开。

2 盐、生抽、鸡粉、陈醋、芝麻油制成味汁；香菇、胡萝卜焯水。

3 取一个盘子，放入凉皮，放入胡萝卜丝，摆上黄瓜丝，放上香菇片，撒上葱段，浇上味汁，摆好盘即成。

凉拌五色蔬

● 难易度：★☆☆

● 烹饪时间：5分钟　● 功效：开胃消食

原料：紫甘蓝160克，白菜65克，西生菜100克，圣女果60克，薄荷叶少许，彩椒35克

调料：盐2克，鸡粉少许，白糖3克，白醋10毫升

做法

1 将洗净的紫甘蓝、西生菜、白菜切丝；洗好的彩椒切条；洗净的圣女果对半切开，备用。

2 取一个大碗，倒入切好的西生菜、白菜、紫甘蓝，拌匀；放入彩椒条，加白糖、盐、鸡粉、白醋搅拌匀，放入薄荷叶、圣女果拌匀即成。

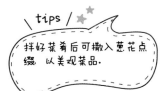

烹饪时间：31分钟 · 功效：美容养颜

难易度：★★☆

玉米拌豆腐

原料：玉米粒150克，豆腐200克
调料：白糖3克

···（做法）···

1 洗净的豆腐，切厚片，切粗条，改切成丁。
2 蒸锅注水烧开，放入装有玉米粒和豆腐丁的盘子。
3 加盖，用大火蒸30分钟至熟透。
4 揭盖，关火后取出蒸好的食材。
5 备一盘，放入蒸熟的玉米粒、豆腐。
6 趁热撒上白糖即可食用。

\ tips /

拌好菜肴后可撒入葱花点缀，以美观菜品。

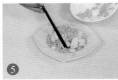

白萝卜拌金针菇

● 难易度：★☆☆

● 烹饪时间：2分钟　● 功效：清热解毒

原料：白萝卜200克，金针菇100克，彩椒20克，圆椒10克，蒜末、葱花各少许

调料：盐、鸡粉各2克，白糖5克，辣椒油、芝麻油各适量

做法

1 洗净去皮的白萝卜切丝，洗好的圆椒、彩椒切丝，金针菇切除根部。

2 锅中注水烧开，倒入金针菇煮断生，捞出，放入凉开水中洗净，沥干。

3 取一个大碗，放白萝卜、彩椒、圆椒、金针菇、蒜末、盐、鸡粉、白糖、辣椒油、芝麻油、葱花，拌匀即可。

老虎菜拌海蜇皮

● 难易度：★☆☆

● 烹饪时间：2分钟　● 功效：清热解毒

原料：海蜇皮250克，黄瓜200克，青椒50克，红椒60克，洋葱180克，西红柿150克，香菜少许

调料：生抽5毫升、陈醋5毫升、白糖3克、芝麻油3毫升、辣椒油3毫升

做法

1 洗净的西红柿切成片；洗净的黄瓜、青椒、红椒、洋葱切成丝。

2 海蜇皮焯水，捞出，淋入生抽、陈醋、白糖、芝麻油、辣椒油、香菜，搅拌入味。

3 取一个盘子，摆上西红柿、洋葱、黄瓜、青椒、红椒，倒入海蜇皮即可。

洋葱拌西红柿

● 难易度：★☆☆

● 烹饪时间：61分钟

● 功效：开胃消食

原料：洋葱85克，西红柿70克

调料：白糖4克，白醋10毫升

tips

若不喜欢洋葱味，可以适当延长腌渍的时间。

● ● 做法 ● ●

1 洗净的洋葱切片；洗好的西红柿切成瓣，备用。

2 把洋葱丝装入碗中，加入少许白糖、白醋，拌匀至白糖溶化，腌渍约20分钟。

3 碗中倒入西红柿，搅拌匀。

4 将拌好的食材装入盘中即可。

①

②

③

④

辣拌黄豆芽

● 难易度：★☆☆

● 烹饪时间：5分钟　● 功效：清热解毒

原料：黄豆芽200克，红椒15克，蒜末、葱花各少许

调料：盐3克，辣椒油15毫升，味精、白糖、陈醋、芝麻油、食用油各适量

•‥ 做法 ‥•

1　洗净的红椒切开，去籽，切成丝。

2　锅中加适量清水烧开，加入食用油，倒入洗净的黄豆芽，大火煮熟，捞出，过凉水后装入玻璃碗中。

3　放入红椒丝，加盐、味精、白糖、芝麻油、蒜末、葱花、陈醋，用筷子拌入味，装盘，淋入辣椒油即成。

家常拌粉丝

● 难易度：★☆☆

● 烹饪时间：2分钟　● 功效：清热解毒

原料：熟粉丝240克，菜心75克，水发木耳45克，黄瓜60克，蒜末少许

调料：鸡粉2克，盐2克，芝麻油7毫升，辣椒油6毫升

•‥ 做法 ‥•

1　洗好的木耳切碎；洗净的黄瓜切细丝；洗好的菜心切段，把菜叶切丝，将菜梗剖开，改切成细丝，备用。

2　取一个大碗，倒入菜心、熟粉丝、黄瓜、木耳，撒上蒜末，加入鸡粉、盐、芝麻油，淋入辣椒油，拌匀，至食材入味，盛入盘中即成。

毛蛤拌菠菜

难易度：★★☆

烹饪时间：4分钟 ● 功效：降低血压

原料：毛蛤300克，菠菜120克，彩椒丝40克，蒜末少许

调料：盐3克，鸡粉2克，生抽4毫升，陈醋10毫升，芝麻油、食用油各适量

···（做法）···

1 将洗净的菠菜切去根部，再切成小段。
2 菠菜、彩椒丝焯煮至食材断生后捞出，沥干水分。
3 再倒入洗净的毛蛤用大火煮至其熟透后捞出，沥干水分。
4 取一个干净的碗，倒入菠菜和彩椒丝，撒上蒜末，倒入毛蛤。
5 淋入生抽，加入盐、鸡粉、陈醋，淋入芝麻油，拌至食材入味。
6 取一个干净的盘子，盛入拌好的食材，摆好盘即成。

tips ★
毛蛤煮熟后用凉开水清洗几次，这样会更利于健康。

凉拌茭白

● 难易度：★☆☆

● 烹饪时间：2分钟 ● 功效：降低血压

原料：茭白200克，彩椒50克，蒜末、葱花各少许

调料：盐3克，鸡粉2克，陈醋4毫升，芝麻油2毫升，食用油适量

● ● 做法 ● ●

1 洗净去皮的茭白对半切开，切成片；洗好的彩椒切块。

2 茭白、彩椒焯水，捞出，沥干水分，装入碗中，加入蒜末、葱花，加入盐、鸡粉，淋入陈醋、芝麻油，拌匀调味，盛出，装入盘中即可。

枸杞拌菠菜

● 难易度：★☆☆

● 烹饪时间：2分钟 ● 功效：降低血压

原料：菠菜230克，枸杞20克，蒜末少许

调料：盐2克，鸡粉2克，蚝油10克，芝麻油3毫升，食用油适量

● ● 做法 ● ●

1 择洗干净的菠菜切成段，备用。

2 洗好的枸杞、菠菜焯水，捞出，沥干，倒入碗中，放入蒜末、枸杞。

3 加入盐、鸡粉、蚝油、芝麻油，搅拌至食材入味，盛出拌好的食材，装入盘中即可。

黄瓜拌豆皮

● 难易度：★☆☆
● 烹饪时间：4分钟
● 功效：降压降糖

原料：黄瓜120克，豆皮150克，红椒25克，蒜末、葱花各少许

调料：盐3克，鸡粉2克，生抽4毫升，陈醋6毫升，芝麻油、食用油各适量

★ \ tips /

豆皮尽量切得整齐一些，这样成品的样式才美观。

● ● ● 做法 ● ●

1 将洗净的黄瓜切细丝；红椒切丝；豆皮切细丝。

2 锅中注水烧开，放入食用油、盐，倒入豆皮煮约1分钟，再放入红椒丝煮约半分钟，捞出沥干。

3 将焯好的食材放在碗中，再倒入黄瓜丝、蒜末、葱花、盐、生抽、鸡粉、陈醋、芝麻油拌至食材入味。

4 取一个干净的盘子，放入拌好的食材，摆好即成。

黄瓜拌海蜇

● 难易度：★☆☆
● 烹饪时间：3分30秒 ● 功效：降低血压

原料：水发海蜇90克，黄瓜100克，彩椒50克，蒜末、葱花各少许

调料：白糖4克，盐少许，陈醋6毫升，芝麻油2毫升，食用油适量

● ● ● 做法 ● ● ●

1 洗好的彩椒切条；洗净的黄瓜切片，改切成条；洗好的海蜇切条。

2 锅中注水烧开，放入海蜇，煮断生，放入彩椒，略煮片刻，捞出。

3 把黄瓜倒入碗中，放入海蜇和彩椒，放入蒜末、葱花、陈醋、盐、白糖、芝麻油，拌匀，装盘即可。

醋拌莴笋萝卜丝

● 难易度：★☆☆
● 烹饪时间：2分30秒 ● 功效：降压降糖

原料：莴笋140克，白萝卜200克，蒜末、葱花各少许

调料：盐3克，鸡粉2克，陈醋5毫升，食用油适量

● ● ● 做法 ● ● ●

1 将洗净去皮的白萝卜、莴笋切丝。

2 白萝卜丝、莴笋丝焯水后捞出。

3 将焯煮好的食材放在碗中，撒上蒜末、葱花，加入盐、鸡粉，淋入陈醋，搅拌至食材入味。

4 取一个干净的盘子，放入拌好的食材即成。

清新素小炒

奶油娃娃菜

难易度：★☆☆

烹饪时间：20分钟

功效：增强免疫

原料：娃娃菜300克，奶油8克，枸杞5克，清鸡汤150毫升

调料：水淀粉适量

・・（做法）・・

1 洗净的娃娃菜切成瓣，备用。

2 蒸锅中注入适量清水烧开，放入娃娃菜。

3 盖上盖，用大火蒸10分钟至熟，取出备用。

4 锅置火上，倒入鸡汤，放入枸杞。

5 加入奶油，拌匀，用水淀粉勾芡。

6 关火后盛出汤汁，浇在娃娃菜上即可。

\ tips /

娃娃菜不宜蒸太久，以免影响其脆甜的口感。

白果炒苦瓜

● 难易度：★☆☆
● 烹饪时间：1分钟　● 功效：降低血压

原料：苦瓜130克，白果50克，彩椒40克，蒜末、葱段各少许

调料：盐3克，水淀粉、食用油各适量

● ●【做法】● ●

1 将洗净的彩椒切小块；洗好的苦瓜切开，去瓤，切小块。
2 苦瓜、白果焯水后捞出，沥干。
3 用油起锅，放入蒜末、葱段，爆香，倒入彩椒，放入焯过水的食材，快速翻炒片刻。
4 加入盐调味，倒入水淀粉，翻炒至食材熟透、入味，盛入盘中即成。

豆腐皮枸杞炒包菜

● 难易度：★☆☆
● 烹饪时间：2分30秒　● 功效：清热解毒

原料：包菜200克，豆腐皮120克，水发香菇30克，枸杞少许

调料：盐、鸡粉各2克，白糖3克，食用油适量

● ●【做法】● ●

1 洗净的香菇切粗丝；将豆腐皮切成片；洗好的包菜去除硬芯，切小块。
2 豆腐皮焯水，捞出，沥干。
3 用油起锅，倒入香菇、包菜，炒软，倒入豆腐皮、枸杞，炒匀炒透。
4 加入盐、白糖、鸡粉，炒至食材入味，盛出炒好的食材即可。

素炒藕片

难易度：★☆☆

烹饪时间：3分钟

功效：降低血压

原料：莲藕150克，彩椒100克，水发木耳45克，葱花少许

调料：盐3克，鸡粉4克，蚝油10毫升，料酒10毫升，水淀粉5毫升，食用油适量

tips

切好的藕片如果不及时炒制，可放入清水中浸泡，这样可以防止变黑。

做法

1 洗好的彩椒切小块；洗净去皮的莲藕切成片；发好的木耳切成小块。

2 莲藕片、木耳、彩椒块焯水后捞出，沥干水分。

3 用油起锅，倒入焯过水的食材炒匀，放入蚝油、盐、鸡粉、料酒、水淀粉翻炒匀。

4 关火后盛出炒好的莲藕，装入盘中，撒上葱花即可。

玉米炒豌豆

- 难易度：★☆☆
- 烹饪时间：　功效：美容养颜

原料：豌豆250克，鲜玉米粒150克，红椒片、姜片、葱白各少许

调料：盐、味精、白糖、水淀粉各适量

・・・ 做法 ・・・

1 锅中注水，加食用油烧开，加盐煮沸，将玉米焯至断生捞出，豌豆焯水捞出。

2 用油起锅，倒入备好的红椒片、姜片和葱白煸香，倒入玉米粒和豌豆，翻炒均匀。

3 加盐、味精，放入白糖调味，加少许水淀粉勾芡，炒匀，装盘即成。

辣白菜焖土豆片

- 难易度：★☆☆
- 烹饪时间：12分钟 ● 功效：开胃消食

原料：土豆130克，辣白菜200克，猪肉50克，泰式辣椒酱25克，葱末少许

调料：料酒2毫升，生抽4毫升，食用油适量

・・・ 做法 ・・・

1 将去皮洗净的土豆切片；洗好的猪肉切薄片；备好的辣白菜切段。

2 用油起锅，倒入猪肉片炒匀，放料酒、生抽、葱末，炒香，倒入辣白菜、土豆片，炒匀，注水，焖熟。

3 放入泰式辣椒酱，炒匀炒透，盛出菜肴，装在盘中即成。

原料：胡萝卜200克，鸡汤50毫升，姜片、葱段各少许

调料：盐3克，鸡粉2克，芝麻油适量

难易度：★☆☆

烹饪时间：2分钟

功效：降低血糖

香油胡萝卜

••• 做法 •••

1 洗净去皮的胡萝卜切片，再切成丝，备用。

2 锅置火上，倒入芝麻油，放入姜片、葱段，爆香。

3 倒入胡萝卜，拌匀。

4 加入鸡汤。

5 放入盐、鸡粉，炒匀。

6 关火后盛出炒好的菜肴，装入盘中即可。

tips

胡萝卜不要炒太久，这样营养更容易吸收。

西红柿炒冻豆腐

● 难易度：★☆☆
● 烹饪时间：5分钟 ● 功效：清热解毒

原料：冻豆腐200克，西红柿170克，姜片、葱花各少许

调料：盐、鸡粉各2克，白糖少许，食用油适量

••• 做法 •••

1 把洗净的冻豆腐掰开，撕成碎片，洗好的西红柿切成小瓣。
2 冻豆腐焯水，捞出，沥干。
3 用油起锅，撒上姜片，爆香，倒入西红柿瓣，翻炒，倒入豆腐，炒匀，转小火，加盐、白糖、鸡粉，炒熟软、入味，盛入盘中，撒葱花即可。

杏鲍菇炒甜玉米

● 难易度：★☆☆
● 烹饪时间：5分钟 ● 功效：降压降糖

原料：杏鲍菇100克，鲜玉米粒150克，胡萝卜50克，姜片、蒜末各少许

调料：盐5克，鸡粉2克，白糖3克，料酒3毫升，水淀粉10毫升，食用油少许

••• 做法 •••

1 把去皮洗净的胡萝卜切成丁；洗净的杏鲍菇切成丁。
2 杏鲍菇、胡萝卜丁、玉米粒焯水。
3 用油起锅，倒入姜片、蒜末，大火爆香，放入焯煮过的食材，炒匀，淋上料酒炒香；加盐、鸡粉、白糖，炒匀，用水淀粉勾芡，炒熟即成。

芦笋炒莲藕

● 难易度：★☆☆

● 烹饪时间：3分钟

● 功效：养心润肺

❶

❷

原料：芦笋100克，莲藕160克，胡萝卜45克，蒜末、葱段各少许

调料：盐3克，鸡粉2克，水淀粉3毫升，食用油适量

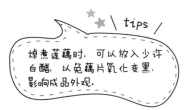
★ ☆ tips

焯煮莲藕时，可以放入少许白醋，以免藕片氧化变黑，影响成品外观。

❸

● ● 做法 ● ●

1 将洗净的芦笋去皮，改切成段；洗好去皮的莲藕、胡萝卜切成丁。

2 将藕丁、胡萝卜焯煮至八成熟，捞出，待用。

3 用油起锅，放入蒜末、葱段，爆香，放入芦笋、藕丁和胡萝卜丁炒匀。

4 加盐、鸡粉调味，倒入水淀粉拌炒均匀即可。

❹

胡萝卜炒口蘑

● 难易度：★☆☆

● 烹饪时间：1分30秒　● 功效：增强免疫

原料：胡萝卜120克，口蘑100克，姜片、蒜末、葱段各少许

调料：盐、鸡粉各2克，料酒3毫升，生抽4毫升，水淀粉、食用油各适量

● ● 做法 ● ●

1 将洗净的口蘑切成片；洗净去皮的胡萝卜切成片。

2 胡萝卜片、口蘑焯水，捞出。

3 用油起锅，放入姜片、蒜末、葱段爆香，倒入焯煮过的食材，翻炒几下，淋入料酒、生抽，炒香；加盐、鸡粉、水淀粉，翻炒均匀即成。

黄瓜炒土豆丝

● 难易度：★☆☆

● 烹饪时间：1分30秒　● 功效：增高助长

原料：土豆120克，黄瓜110克，葱末、蒜末各少许

调料：盐3克，鸡粉、水淀粉、食用油各适量

● ● 做法 ● ●

1 黄瓜洗净切丝；去皮洗净的土豆切细丝。

2 土豆丝焯水，捞出，待用。

3 用油起锅，下入蒜末、葱末爆香，倒入黄瓜丝，翻炒至析出汁水，放入土豆丝，炒熟，加盐、鸡粉，翻炒入味，淋入水淀粉勾芡即成。

莴笋炒什锦

难易度：★★☆

烹饪时间：3分钟

功效：降低血压

原料：莴笋160克，马蹄肉150克，香干120克，胡萝卜50克，水发木耳40克，蒜末、葱段各少许

调料：盐3克，鸡粉2克，蚝油7克，生抽4毫升，水淀粉、芝麻油、食用油各适量

•• 做法 ••

1 将食材洗净；马蹄肉、胡萝卜、莴笋切片；香干切条；木耳切块。
2 木耳、胡萝卜片、莴笋片、马蹄肉焯煮至食材断生后捞出。
3 用油起锅，放入蒜末、葱段爆香，倒入香干，淋入生抽，倒入焯过水的食材。
4 加盐、鸡粉、蚝油翻炒匀。
5 倒入水淀粉勾芡，淋入适量芝麻油，翻炒至食材熟透、入味。
6 关火后盛出炒好的食材，装入盘中即成。

tips

马蹄肉切片后放入凉开水中泡一会儿，可使其肉色不变黄。

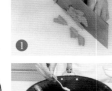

红椒黄瓜片

● 难易度：★☆☆

● 烹饪时间：1分30秒 ● 功效：降压降糖

原料：黄瓜170克，红椒25克，蒜末、葱段各少许

调料：盐2克，鸡粉2克，水淀粉3毫升，食用油适量

● ● ● 做法 ● ● ●

1 洗净去皮的黄瓜对半切开，切成小块；洗净的红椒对半切开，切小块。

2 用油起锅，放入蒜末，爆香，倒入红椒、黄瓜，炒匀，放入盐、鸡粉，炒匀调味，加清水，炒熟。

3 倒入适量水淀粉，快速炒匀，放入葱段，翻炒至葱断生，盛出即可。

彩椒茄子

● ● ● ● ● ● ●

● 难易度：★☆☆

● 烹饪时间：2分钟 ● 功效：降低血压

原料：彩椒80克，胡萝卜70克，黄瓜80克，茄子270克，姜片、蒜末、葱段、葱花各少许

调料：盐2克，鸡粉2克，生抽4毫升，蚝油7克，水淀粉5毫升，食用油适量

● ● ● 做法 ● ● ●

1 茄子、胡萝卜洗净去皮切丁；洗好的黄瓜切丁；洗好的彩椒切丁。

2 茄子炸至微黄色，捞出待用。

3 锅底留油，放姜片、蒜末、葱段爆香，倒入胡萝卜、黄瓜、彩椒丁、盐、鸡粉，炒匀；放茄子、生抽、蚝油、水淀粉，炒匀，撒上葱花即可。

033

飘香蓄肉菜

湖南夫子肉

● 难易度：★★☆

● 烹饪时间：185分钟

● 功效：清热解毒

原料：香芋400克，五花肉350克，蒜末、葱花各少许

调料：盐、鸡粉各3克，蒸肉粉80克，食用油适量

★ tips

炸香芋时宜用小火，而且时间不宜过长，以免炸煳。

• • 做法 • •

1 洗净的香芋切片；洗好的五花肉切片。

2 热锅注油，烧至五成热，放入香芋炸出香味，捞出沥干油。

3 锅留底油，放入五花肉炒至变色，放入蒜末、香芋、蒸肉粉炒匀，加入盐、鸡粉，倒入剩余的蒸肉粉炒匀，盛出装盘。

4 将食材放入蒸锅中蒸3小时，取出，撒上葱花，淋上少许热油即可。

白菜粉丝炒五花肉

● 难易度：★★☆

● 烹饪时间：3分钟 ● 功效：益气补血

原料：白菜160克，五花肉150克，水发粉丝240克，蒜末、葱段各少许

调料：盐2克，鸡粉2克，生抽5毫升，老抽2毫升，料酒3毫升，胡椒粉、食用油各适量

● ● 做法 ● ●

1 将洗好的粉丝切段；洗净的白菜去根，切成段；洗好的五花肉切片。

2 用油起锅，倒入五花肉、老抽，炒匀，放入蒜末、葱段、白菜、粉丝，加盐、鸡粉、生抽、料酒，撒上胡椒粉，炒匀调味，盛出即可。

茶树菇炒五花肉

● 难易度：★★☆

● 烹饪时间：2分钟 ● 功效：清热解毒

原料：茶树菇90克，五花肉200克，红椒40克，姜片、蒜末、葱段各少许

调料：盐2克，生抽5毫升，鸡粉2克，料酒10毫升，水淀粉5毫升，豆瓣酱15克，食用油适量

● ● 做法 ● ●

1 洗净的红椒去籽，切块；洗好的茶树菇切段；洗净的五花肉切片。

2 茶树菇焯水，捞出，沥干。

3 用油起锅，放入五花肉，翻炒匀，加入生抽、豆瓣酱、姜片、蒜末、葱段，炒香，放料酒、茶树菇、红椒，炒匀，加盐、鸡粉、水淀粉，炒匀，盛出即可。

猪肉炖豆角

烹饪时间：27分钟 ● 功效：益气补血

难易度：★☆☆

原料：五花肉200克，豆角120克，姜片、蒜末、葱段各少许

调料：盐2克，鸡粉2克，白糖4克，南乳5克，水淀粉、料酒、生抽、食粉、老抽各适量

•• 做法 ••

1 洗净的豆角切成段；五花肉切成小块。

2 锅中注水烧开，加入食粉，放入豆角，煮至七成熟，捞出。

3 烧热炒锅，放入五花肉，炒出油，放入姜片、蒜末、南乳、料酒，炒香，加入白糖，炒匀，放入生抽、老抽，炒匀。

4 加水，搅匀，加鸡粉、盐，翻炒匀，用小火焖20分钟。

5 放入豆角，用小火焖熟，用大火收汁，倒入水淀粉勾芡。

6 放入少许葱段，炒出葱香味，将炒好的食材盛入盘中即可。

tips

豆角不宜焖煮太久，以免过于熟烂，影响其脆嫩的口感。

草菇花菜炒肉丝

● 难易度：★☆☆

● 烹饪时间：2分30秒 ● 功效：清热解毒

原料：草菇70克，彩椒20克，花菜180克，猪瘦肉240克，姜片、蒜末、葱少许

调料：盐3克，生抽4毫升，料酒8毫升，蚝油、水淀粉、食用油各适量

● ● ● 做法 ● ● ●

1 洗好的草菇对半切开，洗净的彩椒切丝，洗好的花菜切朵，分别焯水。
2 洗净的猪瘦肉切细丝，加料酒、盐、水淀粉、食用油，腌渍入味。
3 用油起锅，倒入肉丝，炒变色，放姜片、蒜末、葱段、焯过水的食材，炒匀，加盐、生抽、料酒、蚝油、水淀粉，炒入味，盛入盘中即可。

黄瓜肉丝

● 难易度：★☆☆

● 烹饪时间：1分30秒 ● 功效：补铁

原料：黄瓜120克，瘦肉80克，彩椒20克，蒜末、葱末各少许

调料：盐2克，鸡粉少许，生抽3毫升，料酒4毫升，水淀粉、食用油各适量

● ● ● 做法 ● ● ●

1 把洗净的黄瓜、彩椒切丝。
2 洗净的瘦肉切细丝，加入盐、鸡粉、水淀粉、食用油，腌渍入味。
3 用油起锅，倒入瘦肉丝炒匀，淋入料酒，炒香，放入生抽、葱末、蒜末，翻炒几下，倒入黄瓜、彩椒，炒熟；加盐、鸡粉，炒入味即成。

莲花酱肉丝

难易度：★★☆

烹饪时间：8分钟　功效：增强免疫

原料：肉丝250克，豆皮30克，胡萝卜丝50克，蛋清15克，葱花10克，黄瓜丝50克

调料：盐2克，水淀粉4毫升，料酒5毫升，白糖3克，鸡粉2克，甜面酱10克，食用油适量

★ \ tips /

肉丝不宜炒制过久，以免影响其口感。

●●●（做法）●●●

1 肉丝装入碗中，放盐、蛋清拌匀，加入水淀粉、料酒腌渍。

2 热锅注油烧热，倒入肉丝翻炒至转色，放入甜面酱、清水炒均匀，加入白糖、鸡粉、水淀粉，搅匀收汁，盛出待用。

3 取一个碗，放入豆皮，加入适量的开水，浸泡去除豆腥味，将泡好的豆皮捞出，铺在砧板上。

4 放上黄瓜丝、胡萝卜丝，卷成卷，将蔬菜卷切成段，摆入盘中，倒入肉丝，撒上葱花即可食用。

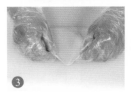

干豆角烧肉

● 难易度：★★☆

● 烹饪时间：25分钟　● 功效：保肝护肾

原料：五花肉250克，水发豆角120克，八角3克，桂皮3克，干辣椒2克，姜片、蒜末、葱段各适量

调料：盐、鸡粉各2克，白糖4克，老抽2毫升，黄豆酱10克，料酒10毫升，水淀粉4毫升，食用油适量

● ● 做法 ● ●

1 将洗净泡发的豆角切段；洗好的五花肉切丁；豆角焯水。

2 用油起锅，倒入五花肉，炒出油脂，加白糖、八角、桂皮、干辣椒、姜片、葱段、蒜末、爆香，加老抽、料酒、黄豆酱、豆角、水，煮沸；加盐、鸡粉，焖熟，加水淀粉，翻炒片刻，盛出即可。

魔芋烧肉片

● 难易度：★★☆

● 烹饪时间：2分30秒　● 功效：清热解毒

原料：魔芋350克，猪瘦肉200克，泡椒20克，姜片、蒜末、葱花各少许

调料：盐、鸡粉各3克，豆瓣酱10克，料酒4毫升，生抽、水淀粉、食用油各适量

● ● 做法 ● ●

1 将洗净的魔芋切片；洗好的猪瘦肉切片，放入盐、鸡粉、水淀粉、食用油，腌渍入味。

2 魔芋片焯水，捞出，沥干。

3 用油起锅，放肉片，炒至变色，放料酒、姜片、蒜末、泡椒、豆瓣酱，炒香，放魔芋片、鸡粉、盐、生抽、水淀粉，炒入味，放上葱花即成。

原料：肉末200克，莲藕300克，香菇80克，鸡蛋1个，姜片、葱段各少许

调料：盐2克，鸡粉3克，生抽5毫升，老抽4毫升，料酒、水淀粉、食用油各适量

红烧莲藕肉丸

难易度：★★☆

烹饪时间：2分钟　功效：开胃消食

•• 做法 ••

1 洗净去皮的莲藕切成粒；洗好的香菇切成碎末。

2 碗中放肉末、莲藕、香菇、鸡粉、盐、鸡蛋、水淀粉，拌匀。

3 热锅注油烧热，将拌好的材料挤成肉丸，炸至金黄色。

4 将炸好的肉丸捞出，沥干油，备用。

5 锅底留油，倒入姜片、葱段爆香，加水、盐、鸡粉、生抽//肉丸、老抽、料酒，搅匀，倒入少许水淀粉勾芡。

6 关火后将炒好的菜肴盛出，装入盘中即可。

tips

莲藕可以切得碎一点，这样吃起来口感会更好。

蒸肉丸子

●难易度：★☆☆

●烹饪时间：10分钟　●功效：开胃消食

原料：土豆170克，肉末90克，蛋液少许

调料：盐、鸡粉各2克，白糖6克，生粉适量，芝麻油少许

••　做法　••

1　洗净去皮的土豆切片，装盘中。

2　蒸锅上火烧开，放入土豆片，蒸熟，取出放凉后压成泥，待用。

3　碗里放肉末、盐、鸡粉、白糖、蛋液、土豆泥、生粉，拌至起劲。

4　取一个蒸盘，抹上芝麻油，把土豆肉末泥做成丸子，放入蒸盘蒸熟，取出，待稍微放凉后即可食用。

核桃枸杞肉丁

●难易度：★☆☆

●烹饪时间：2分钟　●功效：补铁

原料：核桃仁40克，瘦肉120克，枸杞5克，姜片、蒜末、葱段各少许

调料：盐、鸡粉各少许，食粉2克，料酒4毫升，水淀粉、食用油各适量

••　做法　••

1　将洗净的瘦肉切丁，装碗，加盐、鸡粉、水淀粉、食用油，腌渍入味。

2　核桃仁焯水，捞出，放入装有凉水的碗中，去除外衣，炸香。

3　锅留底油，放姜片、蒜末、葱段爆香，放瘦肉丁、料酒、枸杞、盐、鸡粉、核桃仁，炒熟，盛出装盘即可。

猴头菇炖排骨

难易度：★★☆

烹饪时间：62分钟

功效：防癌抗癌

原料：排骨350克，水发猴头菇70克，姜片、葱花各少许

调料：料酒20毫升，鸡粉2克，盐2克，胡椒粉适量

tips

猴头菇一定要泡开后再煮，这样煮好的猴头菇口感才好。

• • 做法 • •

1 洗好的猴头菇切小块；排骨汆去血水，捞出沥干。

2 砂锅中注水烧开，倒入猴头菇，加入姜片，放入排骨，淋入料酒搅拌匀。

3 烧开后用小火炖1小时，至食材酥软，加少许鸡粉、盐、胡椒粉拌匀调味。

4 关火后将煮好的汤料盛出，装入汤碗中，撒上葱花即可。

橄榄白萝卜排骨汤

● 难易度：★☆☆

● 烹饪时间：25分钟　● 功效：养心润肺

原料：排骨段300克，白萝卜300克，青橄榄25克，姜片、葱花各少许

调料：盐2克，鸡粉2克，料酒适量

● ·· 做法 ·· ●

1　洗净去皮的白萝卜切小块。

2　洗好的排骨段汆去血水，捞出。

3　砂锅中注水烧热，倒入排骨，放青橄榄、姜片、料酒，烧开后用小火煮熟，放白萝卜块，煮沸后用小火煮熟。

4　加入盐、鸡粉，搅拌至食材入味，盛出煮好的汤料，装入汤碗中，撒入葱花即成。

石斛玉竹淮山瘦肉汤

● 难易度：★★☆

● 烹饪时间：32分钟　● 功效：开胃消食

原料：猪瘦肉200克，淮山30克，石斛20克，玉竹10克，姜片、葱花各少许

调料：盐、鸡粉各少许

● ·· 做法 ·· ●

1　将洗净的猪瘦肉切成丁。

2　瘦肉丁汆去血渍，捞出待用。

3　砂锅中注入适量清水烧热，放入洗净的淮山、石斛、玉竹，倒入汆过水的瘦肉丁，撒上姜片，拌匀，煮沸后用小火煲煮约30分钟，至食材熟透。

4　加鸡粉、盐调味，拌匀，用中火略煮入味，盛入碗中，撒上葱花即可。

西红柿烧牛肉

难易度：★★☆

烹饪时间：5分钟

功效：开胃消食

原料：西红柿90克，牛肉100克，姜片、蒜片、葱花各少许

调料：盐3克，鸡粉2克，食粉少许，白糖2克，番茄汁15克，料酒3毫升，水淀粉2毫升，食用油适量

· · 做法 · ·

1 将洗净的西红柿去蒂，切成小块；洗好的牛肉切成片。

2 牛肉片装入碗中，加食粉、盐、鸡粉、水淀粉、食用油腌渍10分钟。

3 用油起锅，下入姜片、蒜片，爆香。

4 倒入牛肉片，淋入料酒，下入西红柿，翻炒均匀。

5 倒入适量清水，加入盐、白糖拌匀，用中火焖3分钟至熟。

6 放入番茄汁翻炒至食材入味，盛出装碗，放入葱花即可。

tips

烹调西红柿时可加少许醋，能有效破坏其所含的有害物质番茄碱。

黄瓜炒牛肉

- 难易度：★☆☆
- 烹饪时间：2分30秒 ● 功效：增强免疫

原料：黄瓜150克，牛肉90克，红椒20克，姜片、蒜末、葱段各少许

调料：盐3克，鸡粉2克，生抽、料酒各5毫升，食粉、水淀粉、食用油各适量

做法

1 将洗净的黄瓜去皮，切小块；洗好的红椒对半切开，切小块。

2 牛肉洗净切片，放食粉、生抽、盐、水淀粉、食用油，腌渍，滑油。

3 锅底留油，放姜片、蒜末、葱段爆香，倒入红椒、黄瓜，炒匀，放牛肉片、料酒、盐、鸡粉、生抽，炒匀，倒入适量水淀粉勾芡，盛出即可。

杨桃炒牛肉

- 难易度：★☆☆
- 烹饪时间：1分30秒 ● 功效：降低血压

原料：牛肉130克，杨桃120克，彩椒50克，姜片、蒜片、葱段各少许

调料：盐3克，鸡粉3克，食粉、白糖各少许，蚝油6克，料酒4毫升，生抽10毫升，水淀粉、食用油各适量

做法

1 洗净的彩椒切小块；洗好的牛肉切成片；洗净的杨桃切片。

2 牛肉片加生抽、食粉、盐、鸡粉、水淀粉，腌渍入味，焯水后捞出。

3 用油起锅，倒入姜片、蒜片、葱段爆香，倒入牛肉片炒匀，放料酒、杨桃片、彩椒，炒熟，加生抽、蚝油、盐、鸡粉、白糖，炒匀；倒入水淀粉炒匀即成。

山楂菠萝炒牛肉

难易度：★★☆

烹饪时间：5分钟

功效：益气补血

①

②

③

④

原料：牛肉片200克，水发山楂片25克，菠萝600克，圆椒少许

调料：番茄酱30克，盐3克，鸡粉2克，食粉少许，料酒6毫升，水淀粉、食用油各适量

★ \ tips |
山楂片泡软后可再清洗一遍，这样能有效去除杂质。

• • 做法 • •

1 把牛肉片加盐、料酒、食粉、水淀粉、食用油，拌匀腌渍。

2 将洗净的圆椒切小块；洗好的菠萝制成菠萝盅，把菠萝肉切小块，待用。

3 热锅注油烧热，倒入牛肉，倒入圆椒炸出香味，捞出。

4 锅底留油烧热，加入山楂片、菠萝肉、番茄酱炒出香味，倒入滑过油的食材炒匀，淋入料酒，加盐、鸡粉、水淀粉炒至食材熟透，装入菠萝盅即成。

西芹牛肉卷

● 难易度：★★☆
● 烹饪时间：7分钟　● 功效：降低血压

原料：牛肉300克，胡萝卜70克，西芹60克
调料：盐4克，鸡粉2克，生抽4毫升，水淀粉适量

· · 做法 · ·

1 将洗净的西芹切粗丝；洗好去皮的胡萝卜切粗丝；洗净的牛肉切片，倒入生抽、盐、水淀粉，腌渍入味。
2 胡萝卜丝、西芹焯水后捞出。
3 将牛肉片摊开、铺平，摆上焯熟的食材，卷起、包紧，制成肉卷生坯放入蒸盘；蒸锅上火烧开，放入蒸盘，蒸熟，取出蒸好的肉卷即可。

赤芍烧牛肉

● 难易度：★★☆
● 烹饪时间：93分钟　● 功效：增强免疫

原料：牛肉300克，当归3克，生地5克，赤芍2克，干姜2克，蒜头、葱段各少许
调料：盐、鸡粉各2克，生抽5毫升，料酒15毫升，水淀粉、食用油各适量

· · 做法 · ·

1 洗净的牛肉切大块，余去血水。
2 用油起锅，倒入葱段、蒜头，爆香，放入牛肉，炒匀，加料酒、水、当归、生地、赤芍、干姜，淋入料酒，拌匀，用小火炖至食材熟软。
3 加入盐、生抽，拌匀，续煮30分钟，加鸡粉、水淀粉炒匀即可。

麻辣牛肉豆腐

难易度：★★☆

烹饪时间：5分钟 ● 功效：开胃消食

原料：牛肉100克，豆腐350克，红椒30克，辣椒面20克，花椒粉10克，姜片、葱花各少许

调料：盐4克，鸡粉2克，豆瓣酱10克，老抽5毫升，料酒5毫升，水淀粉8毫升，食用油适量

· · 做法 · ·

1 洗好的豆腐切块；洗净的红椒切成粒；洗好的牛肉剁成末。

2 锅中注水烧开，放入盐，倒入豆腐块去除其酸味，捞出。

3 锅中注油烧热，放入姜片，爆香，倒入牛肉末、红椒粒炒匀。

4 淋入料酒炒匀，放辣椒面、花椒粉、豆瓣酱、老抽，炒匀。

5 加适量清水，倒豆腐，放盐、鸡粉煮2分钟，倒入水淀粉炒匀。

6 关火后盛出炒好的食材，装入盘中，撒上葱花即可。

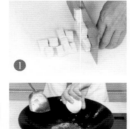

tips

在焯煮豆腐的时候，加少许盐，这样煮的豆腐才不会散。

豌豆炒牛肉粒

● 难易度：★☆☆
● 烹饪时间：2分钟　● 功效：开胃消食

原料：牛肉260克，彩椒20克，豌豆300克，姜片少许

调料：盐2克，鸡粉2克，料酒3毫升，食粉2克，水淀粉10毫升，食用油适量

・・【做法】・・

1 彩椒洗净切丁；牛肉洗净切粒，加盐、料酒、食粉、水淀粉、油，腌渍。
2 豌豆、彩椒焯水，捞出，沥干。
3 牛肉滑油，捞出；用油起锅，放入姜片爆香，倒入牛肉、料酒、焯过水的食材，炒匀；加盐、鸡粉、料酒、水淀粉，翻炒均匀即可。

黑椒苹果牛肉粒

● 难易度：★★☆
● 烹饪时间：2分30秒　● 功效：开胃消食

原料：牛肉100克，苹果120克，芥蓝梗45克，洋葱30克，黑胡椒粒4克，姜片、蒜末、葱段各少许

调料：盐3克，老抽2毫升，料酒、生抽、鸡粉、食粉、水淀粉、油各适量

・・【做法】・・

1 洋葱洗净切丁；芥蓝梗洗净切段，苹果洗净切块；牛肉洗净切丁，加盐、鸡粉、生抽、食粉、水淀粉、油，腌渍。
2 芥蓝梗、苹果丁、牛肉丁焯水。
3 用油起锅，放姜片、蒜末、葱段、黑胡椒粒炒香，倒入洋葱丁炒软，放牛肉丁、料酒、生抽、老抽、焯煮过的食材，炒熟，加盐、鸡粉、水淀粉炒匀即成。

香菜炒羊肉

● 难易度：★☆☆
● 烹饪时间：3分钟
● 功效：开胃消食

原料：羊肉270克，香菜段85克，彩椒20克，姜片、蒜末各少许

调料：盐3克，鸡粉、胡椒粉各2克，料酒6毫升，食用油适量

tips

羊肉切好后可先用盐腌渍一会儿，这样口感会更好。

●•• 做法 •••

1 将洗净的彩椒切粗条；洗好的羊肉切成粗丝，备用。

2 用油起锅，放入姜片、蒜末爆香，倒入羊肉，炒至变色，淋入少许料酒，炒匀提味。

3 放入彩椒丝，用大火炒至变软，加入少许盐、鸡粉、胡椒粉，炒匀调味。

4 倒入香菜段翻炒至其散出香味即成。

山楂马蹄炒羊肉

● 难易度：★☆☆

● 烹饪时间：1分30秒　● 功效：保肝护肾

原料：羊肉150克，山楂35克，马蹄肉30克，姜片、蒜末、葱段各少许

调料：盐3克，鸡粉、白糖各少许，料酒6毫升，生抽7毫升，水淀粉、食用油适量

· · 做法 · · ·

1 将洗净的山楂去头尾，去核，切块，焯水，切碎；马蹄肉洗净切片，羊肉洗净切片，加盐、鸡粉、料酒、水淀粉、食用油，腌渍入味，滑油。

2 用油起锅，放入姜片、蒜末、葱段，爆香，倒入马蹄片，炒出水分，放入羊肉片，加入盐、鸡粉、生抽、白糖、料酒，炒匀调味，放入山楂末，炒至食材熟软，盛出即成。

松仁炒羊肉

● 难易度：★☆☆

● 烹饪时间：2分30秒　● 功效：补肾壮阳

原料：羊肉400克，彩椒60克，豌豆80克，松仁50克，胡萝卜片、姜片、葱段各少许

调料：盐、鸡粉各4克，食粉1克，生抽5毫升，料酒10毫升，水淀粉、油各适量

· · 做法 · · ·

1 彩椒洗净切块，羊肉洗净切片，加食粉、盐、鸡粉、生抽、水淀粉，腌渍。

2 豌豆、彩椒、胡萝卜片焯水，松仁炸香，羊肉滑油至变色，捞出。

3 锅底留油，放姜片、葱段爆香，倒入焯过水的食材，炒匀，放入羊肉、料酒、鸡粉、盐、水淀粉，翻炒入味，盛出即可。

红烧牛肉汤

难易度：★☆☆

烹饪时间：92分钟

功效：增强免疫

原料：牛肉块350克，胡萝卜70克，洋葱40克，奶油15克，姜片20克，葱条10克，桂皮、八角、草果、丁香、花椒、干辣椒各少许

调料：盐2克，料酒6毫升

•• 做法 ••

1 将洗净的洋葱切小块；去皮洗净的胡萝卜切滚刀块。

2 牛肉块焯水，捞出沥干。

3 锅中注水烧热，放桂皮、八角、草果、丁香、花椒、干辣椒。

4 倒入姜片、葱条、牛肉块、料酒，烧开后用小火炖煮约30分钟。

5 倒入胡萝卜、洋葱拌匀，用小火续煮至食材熟透。

6 加盐、奶油拌匀，转中火略煮，关火后拣出香料即成。

\ tips /

牛肉可先用食粉腌渍一会儿，这样炖好的汤汁鲜味更浓。

海带牛肉汤

● 难易度：★☆☆
● 烹饪时间：32分钟　● 功效：益气补血

原料：牛肉150克，水发海带丝100克，姜片、葱段各少许
调料：鸡粉2克，胡椒粉1克，生抽4毫升，料酒6毫升

• •【做法】• •

1 将洗净的牛肉切丁，汆去血水。
2 高压锅中注水烧热，倒入牛肉丁，放姜片、葱段、料酒，盖好盖，拧紧，用中火煮至食材熟透。
3 拧开盖子，倒入洗净的海带丝，转大火略煮，加生抽、鸡粉、胡椒粉，拌匀，盛入碗中即成。

腊肠西红柿汤

● 难易度：★☆☆
● 烹饪时间：10分钟　● 功效：增强体质

原料：西红柿100克，腊肠60克
调料：鸡粉2克，盐少许

• •【做法】• •

1 洗净的西红柿切成丁；洗好的腊肠切成小丁块，备用。
2 用油起锅，倒入腊肠丁，炒匀；放西红柿丁，炒软；倒入适量的清水，用中火煮约2分钟，至香味溢出。
3 加入少许鸡粉、盐调味，搅拌匀，至食材入味；关火后起锅，装入碗中即可。

鲜香水产菜

醋拌墨鱼卷

难易度：★☆☆

烹饪时间：5分钟

功效：益智健脑

原料：墨鱼100克，姜丝、葱丝、红椒丝各少许

调料：盐2克，鸡粉3克，芝麻油、陈醋各适量

tips

墨鱼切花刀时要均匀，这样更易入味。

做法

1 处理好的墨鱼切上花刀，再切成小块，备用。

2 锅中注入适量清水烧开，倒入墨鱼，煮分钟至其熟透，捞出装盘。

3 取一个碗，加入盐、陈醋，放入鸡粉，淋入芝麻油，拌匀，制成酱汁。

4 把酱汁浇在墨鱼上，放上葱丝、姜丝、红椒丝即可。

❶

❷

❸

❹

豉汁炒鲜鱿鱼

- 难易度：★☆☆
- 烹饪时间：1分30秒 ● 功效：增强免疫

原料：鱿鱼180克，彩椒50克，红椒25克，豆豉、姜片、蒜末、葱段各少许

调料：盐3克，鸡粉2克，生粉10克，老抽2毫升，料酒4毫升，生抽6毫升，水淀粉、食用油各适量

●·· 做法 ··●

1 将洗净的彩椒、红椒切小块，鱿鱼洗净切上花刀，切片，加盐、鸡粉、料酒、生粉，腌渍入味，焯水。

2 用油起锅，放豆豉、姜片、蒜末、葱段、彩椒、红椒，炒香，放入鱿鱼、料酒、生抽、老抽、盐、鸡粉，炒匀；倒入水淀粉，炒入味即成。

当归乌鸡墨鱼汤

- 难易度：★☆☆
- 烹饪时间：62分钟 ● 功效：保肝护肾

原料：乌鸡块350克，墨鱼块200克，葱条少许，鸡血藤、黄精各20克，当归15克，姜片少许

调料：盐3克，鸡粉2克，料酒14毫升

●·· 做法 ··●

1 墨鱼块、乌鸡块焯水，捞出待用。

2 砂锅中注水烧开，放入洗净的鸡血藤、黄精、当归、姜片，倒入氽过水的材料，放葱条、料酒，烧开后用小火煲煮约60分钟，至食材熟透。

3 拣去葱条，加盐、鸡粉、胡椒粉调味，搅拌入味，盛出即成。

酱香开屏鲈鱼

难易度：★★☆

烹饪时间：二分钟

功效：增强免疫

原料：鲈鱼700克，黄豆酱30克，香葱15克，红椒10克，姜丝、红枣各少许

调料：蒸鱼豉油15毫升，盐2克，料酒8毫升，食用油适量

•• 做法 ••

1 洗好的香葱切丝；洗净的红椒切圈；处理好的鲈鱼切成小段。

2 取一个盘，摆上鱼头，将红枣放入鱼嘴，将鱼块摆成孔雀尾状。

3 放上盐、姜丝，淋入少许料酒，待用。

4 将蒸鱼豉油倒入黄豆酱内，搅匀成酱汁。

5 蒸锅上火烧开，放入鲈鱼，大火蒸10分钟至熟，取出，剔去多余姜丝，浇上黄豆酱汁，放入葱丝、红椒丝。

6 锅中注入些许食用油，烧至七成热，将热油浇在鱼身上即可。

tips ✦★

黄豆酱本身比较咸，口味淡的人在蒸鱼的时候可以不放盐。

香酥刀鱼

● 难易度：★★☆
● 烹饪时间：9分钟　● 功效：益智健脑

原料：刀鱼300克，鸡蛋1个，姜片、葱段各少许

调料：盐3克，鸡粉2克，料酒、生抽、水淀粉各少许，生粉、胡椒粉、食用油各适量

● ● 　做法　● ●

1 刀鱼洗净切花刀；蛋黄加盐、料酒、生粉，制成蛋糊；起油锅，将刀鱼裹上蛋糊，放入油锅中，炸至其呈金黄色。

2 用油起锅，放姜片、葱段爆香，加水、盐、鸡粉、生抽、料酒、胡椒粉，煮沸，放入刀鱼，烧开后用小火焖4分钟，盛入盘中；锅中留汤汁烧热，加水淀粉搅匀，浇在鱼身上即可。

糖醋鲤鱼

● 难易度：★★☆
● 烹饪时间：3分钟　● 功效：开胃消食

原料：鲤鱼550克，蒜末、葱丝少许

调料：盐2克，白糖6克，白醋10毫升，番茄酱、水淀粉、生粉、食用油各适量

● ● 　做法　● ●

1 洗净的鲤鱼切上花刀，滚上生粉，放到油锅中，炸至两面熟透，捞出鲤鱼，沥干油，装入盘中，待用。

2 锅底留油，倒入蒜末爆香，注水，加入盐、白醋、白糖，搅拌匀，加入番茄酱，拌匀，倒入适量水淀粉，搅拌均匀，至汤汁浓稠，盛出汤汁，浇在鱼身上，点缀上葱丝即可。

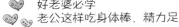

鹿茸竹笋烧虾仁

难易度：★★☆

烹饪时间：21分钟　功效：增强免疫

原料：虾仁150克，竹笋200克，鹿茸5克，鸡汤200毫升，花椒少许

调料：料酒8毫升，鸡粉2克，盐2克，食用油适量

tips

竹笋纤维较粗，所以可切得薄一点，会更好消化。

做法

1　处理好的竹笋切成片；处理好的虾仁去除虾线。

2　锅中注水烧开，倒入笋片，汆煮去杂质后将竹笋捞出，沥干水分。

3　热锅中注油，倒入花椒、笋片、虾仁、鹿茸，淋入料酒，翻炒去腥，倒入鸡汤，加入盐、鸡粉翻炒调味，大火焖20分钟使食材入味。

4　倒入少许水淀粉，翻炒均匀，将炒好的菜盛入盘中即可。

泰式芒果炒虾

● 难易度：★☆☆
● 烹饪时间：2分30秒 ● 功效：生津止渴

原料：基围虾300克，芒果130克，泰式辣椒酱35克，姜片、蒜片、葱段各少许
调料：盐、鸡粉各2克，生抽3毫升，料酒6毫升，食用油适量

• • 做法 • •

1 将洗净的基围虾去除头尾，再剪去虾脚，洗好的芒果切取果肉，切条。
2 用油起锅，倒入姜片、蒜片、葱段，爆香，放入基围虾炒匀，淋入料酒炒香，加入泰式辣椒酱、生抽、盐、鸡粉，炒匀；倒入芒果，用大火快炒入味，盛出炒好的菜肴即成。

虾仁土豆泥

● 难易度：★☆☆
● 烹饪时间：5分钟 ● 功效：增强免疫
原料：基围虾80克，熟土豆200克，姜末少许，面包糠适量
调料：盐、鸡粉各3克，生粉6克，食用油适量

• • 做法 • •

1 将熟土豆切块，压成泥状；洗好的基围虾去头，去壳，保留虾尾，挑去虾线，加盐、鸡粉、生粉、食用油，拌匀。
2 把土豆泥装入碗中，放盐、鸡粉、生粉、姜末，拌匀，取适量土豆泥，把虾仁裹入土豆泥中，将虾尾露在外边，制成虾球生坯，再均匀地裹上面包糠。
3 起油锅，放入虾球生坯炸熟即可。

上海青鱼肉粥

● 难易度：★☆☆
● 烹饪时间：31分钟 ● 功效：增高助长

原料：鲜鲈鱼50克，上海青50克，水发大米95克
调料：盐2克，水淀粉2毫升

•• 做法 ••

1 将洗净的上海青切成粒。

2 鲈鱼洗净切片，放入少许盐、水淀粉抓匀，腌渍入味。

3 锅中注水烧开，倒入水发好的大米，拌匀。

4 盖上盖，用小火煮30分钟至大米熟烂。

5 揭盖，倒入鱼片，搅拌匀，再放入切好的上海青，往锅中加入适量盐。

6 用锅勺拌匀调味，盛出煮好的粥，装入碗中即可。

tips

腌渍鲈鱼片时加一些黄酒，能除去鱼的腥味，还能使鱼肉滋味鲜美.

芹菜鲫鱼汤

● 难易度：★★☆

● 烹饪时间：73分钟　● 功效：健脾止泻

原料：芹菜60克，鲫鱼160克，砂仁8克，制香附10克，姜片少许

调料：盐、鸡粉、胡椒粉各1克，料酒5毫升，食用油适量

●●　做法　●●

1　洗净的芹菜切段；洗好的鲫鱼两面各切上一字花刀。

2　用油起锅，放入鲫鱼煎至微黄，放入姜片爆香，加料酒、水、砂仁、制香附，搅匀，用大火煮开后转小火续煮1小时。

3　倒入芹菜，续煮10分钟，加盐、鸡粉、胡椒粉拌匀调味，盛出即可。

辣子鱼块

● 难易度：★★☆

● 烹饪时间：3分钟　● 功效：美容养颜

原料：草鱼尾200克，青椒40克，胡萝卜90克，鲜香菇40克，泡小米椒25克，姜片、蒜末、葱段各少许

调料：盐、鸡粉各2克，陈醋10毫升，白糖4克，生抽5毫升，水淀粉8毫升，豆瓣酱15克，生粉、食用油各适量

●●　做法　●●

1　将泡小米椒切碎，胡萝卜洗净切片，青椒、香菇洗净切块；草鱼尾洗净切块，加生抽、鸡粉、盐、生粉拌匀，炸至金黄。

2　锅底留油，放姜片、蒜末、泡小米椒爆香，放胡萝卜、鲜香菇、豆瓣酱、鱼块、水、生抽、陈醋、盐、白糖、鸡粉、青椒块炒熟，放水淀粉勾芡，放上葱段即可。

明虾海鲜汤

难易度：★☆☆

烹饪时间：7分钟

功效：保肝护肾

原料：明虾30克，西红柿100克，西蓝花130克，洋葱60克，姜片少许

调料：盐、鸡粉各1克，橄榄油适量

tips

事先将明虾背上的虾线去除，可保证其清甜的味道。

•••做法•••

1 洗净的洋葱切小块；洗好的西红柿切开，去蒂，切小瓣；洗净的西蓝花切小块。

2 锅置火上，倒入橄榄油，放入姜片爆香，倒入洋葱、西红柿炒匀。

3 注水拌匀，放入洗好的明虾煮至食材熟透，倒入西蓝花拌匀。

4 加入盐、鸡粉，稍煮片刻至入味即可。

橘皮鱼片豆腐汤

● 难易度：★☆☆

● 烹饪时间：6分30秒　● 功效：增强免疫

原料：草鱼肉260克，豆腐200克，橘皮少许

调料：盐2克，鸡粉、胡椒粉各少许

● · ● 做法 ● · ●

1 将洗净的橘皮切开，再改切细丝；洗好的草鱼肉切片；洗净的豆腐切开，再切小方块。

2 锅中注入适量清水烧开，倒入豆腐块，拌匀，大火煮约3分钟，再加入盐、鸡粉调味，放入鱼肉片，搅散，撒上胡椒粉，煮至食材熟透，倒入橘皮丝，拌煮出香味。

3 关火后盛出煮在碗中即可。

虫草海马小鲍鱼汤

● 难易度：★☆☆

● 烹饪时间：62分钟　● 功效：养心润肺

原料：小鲍鱼70克，海马10克，冬虫夏草2克，瘦肉150克，鸡肉200克

调料：盐、鸡粉各2克，料酒5毫升

● · ● 做法 ● · ●

1 洗净的瘦肉切成大块。

2 切好的鸡肉、瘦肉分别氽水，捞出，装盘备用。

3 砂锅中注入适量清水，倒入海马、小鲍鱼、鸡肉、瘦肉，淋入料酒，拌匀，煮至食材入味，加入盐、鸡粉，拌匀调味，盛出煮好的汤料，装入碗中即可。

营养禽蛋菜

歌乐山辣子鸡

难易度：★★☆

烹饪时间：2分钟 ● 功效：美容养颜

原料：鸡腿肉300克，干辣椒30克，芹菜12克，彩椒10克，葱段、蒜末、姜末各少许

调料：盐3克，鸡粉少许，料酒4毫升，辣椒油、食用油各适量

·· 做法 ··

1 鸡腿肉斩切小块；芹菜斜刀切段；彩椒切菱形片。

2 热锅注油，烧至五六成热，倒入鸡块，炸至断生后捞出。

3 用油起锅，倒入姜末、蒜末、葱段，爆香。

4 倒入炸好的鸡块，炒匀，淋入料酒，放入干辣椒炒出辣味。

5 加入盐、鸡粉调味，倒入切好的芹菜和彩椒，炒匀炒透。

6 淋入辣椒油炒至食材入味即可。

tips

鸡块可先用少许生粉腌渍一下再用油炸熟，这样肉质会更嫩。

橙汁鸡片

● 难易度：★☆☆

● 烹饪时间：2分钟　● 功效：增高助长

原料：鸡胸肉300克，橙汁80克，洋葱、红椒各30克，蒜末、葱花各少许

调料：盐、鸡粉各2克，白糖6克，料酒3毫升，水淀粉、食用油各适量

●‥ 做法 ‥●

1 红椒、洋葱切丁；鸡胸肉切肉片，加盐、鸡粉、水淀粉、食用油，拌匀。

2 油起锅，放蒜末、洋葱丁、红椒丁、鸡肉片、料酒、清水，炒匀。

3 倒入橙汁，炒匀，加入白糖，炒至糖分溶化，盛出，放在盘中，撒上葱花即成。

香辣鸡翅

● 难易度：★☆☆

● 烹饪时间：3分钟　● 功效：增强免疫力

原料：鸡翅270克，干辣椒15克，蒜末、葱花各少许

调料：盐3克，生抽3毫升，白糖、料酒、辣椒油、辣椒面、食用油各适量

●‥ 做法 ‥●

1 鸡翅装入碗中，加盐、生抽、白糖、料酒，拌匀，放油锅，炸金黄色，捞出。

2 锅底留油，倒入蒜末、干辣椒、鸡翅、料酒、生抽、辣椒面、辣椒油，炒匀。

3 加盐，炒匀调味，撒上葱花，炒出葱香味，盛出炒好的鸡翅，装入盘中即可。

柚皮炆鸭

难易度：★★☆

烹饪时间：40分钟

功效：清热解毒

原料：鸭肉、柚子皮、蒜头、柱侯酱、白酒、红彩椒各适量

调料：盐、鸡粉、白糖、生抽、料酒、水淀粉、食用油各适量

★ \ tips /

柚子皮需事先用清水泡两头，才能去除其苦涩味。

做法

1 柚子皮切小块；洗净的红彩椒切小块。

2 油爆蒜头，放入洗净切好的鸭肉，略煎炒至微黄，加入料酒，放入柱侯酱翻炒均匀。

3 加入生抽、白酒，注入300毫升左右的清水，倒入柚皮，加入盐、白糖，用大火煮开后转小火炆30分钟使食材入味。

4 倒入红彩椒，稍煮片刻至彩椒断生，加入鸡粉拌匀，用水淀粉勾芡，装盘，摆上香菜点缀即可。

菠萝炒鸭丁

● 难易度：★☆☆

● 烹饪时间：2分钟　● 功效：养心润肺

原料：鸭肉200克，菠萝肉180克，彩椒50克，姜片、蒜末、葱段各少许

调料：盐、鸡粉、蚝油、料酒、生抽、水淀粉、食用油各适量

● ● 做法 ● ●

1　菠萝肉切丁，彩椒切小块。

2　鸭肉切小块，加生抽、料酒、盐、鸡粉、水淀粉、食用油，拌匀。

3　锅中加水、食用油、菠萝丁、彩椒块，煮约半分钟，捞出；油起锅，放姜片、蒜末、葱段、鸭肉块、食材、全部调料，盛出炒好的食材。

丁香鸭

● 难易度：★☆☆

● 烹饪时间：33分钟　● 功效：保肝护肾

原料：鸭肉400克，桂皮、八角、丁香、草豆蔻、花椒各适量，姜片、葱段各少许

调料：盐2克，冰糖20克，料酒5毫升，生抽6毫升，食用油适量

● ● 做法 ● ●

1　将洗净的鸭肉斩成小件。

2　锅中加水、鸭肉块、料酒，去除血渍，捞出。

3　油起锅，加姜片、葱段、鸭肉、全部调料、桂皮、八角、丁香、草豆蔻、花椒、清水，煮沸，焖煮至食材熟透，拣出姜葱，盛出焖好的菜肴中，摆好盘即可。

香菇蒸鸽子

烹饪时间：17分钟　功效：降压降糖

难易度：★☆☆

原料：鸽子肉350克，鲜香菇40克，红枣20克，姜片、葱花各少许
调料：盐、鸡粉、生粉、生抽、料酒、芝麻油、食用油各适量

···（做法）···

1 香菇切粗丝；红枣去核，留枣肉待用。
2 鸽子肉切开，斩成小块，加鸡粉、盐、生抽、料酒拌匀。
3 放姜片、红枣肉、香菇丝、生粉、芝麻油，腌渍至入味。
4 取一个干净的蒸盘，放入腌渍好的食材，静置片刻，蒸锅上火烧开，放入蒸盘。
5 用中火蒸约15分钟，至食材熟透，取出蒸好的材料。
6 趁热撒上葱花，浇上热油即成。

tips

先在蒸盘上刷一层食用油，再放入食材，可以使蒸好的食材口感更好。

红烧鹌鹑

● 难易度：★☆☆

● 烹饪时间：18分钟　● 功效：降低血压

原料：鹌鹑肉、豆干、胡萝卜、花菇、姜片、葱条、蒜头、香叶、八角各少许

调料：料酒、生抽、盐、白糖、老抽、水淀粉、食用油各适量

●•• 做法 ••●

1 葱条切段；蒜头、胡萝卜、花菇切小块；豆干切三角块。

2 油起锅，放蒜头、姜片、葱条、鹌鹑肉、香叶、八角，水，胡萝卜、料酒、生抽、盐、白糖、老抽、花菇、豆干，炒匀。

3 加水淀粉，盛出锅里菜肴，装盘即可。

五彩鸽丝

● 难易度：★☆☆

● 烹饪时间：6分钟　● 功效：保肝护肾

原料：鸽子肉、青椒、红椒、芹菜、去皮胡萝卜、去皮莴笋、冬笋、姜片少许

调料：盐2克，鸡粉1克，料酒10毫升，水淀粉少许，食用油适量

●•• 做法 ••●

1 青椒、红椒切条状；莴笋切丝；芹菜切段；冬笋、胡萝卜切条。

2 鸽子切条，加盐、料酒、水淀粉，拌匀；锅中加水、冬笋条、胡萝卜，焯熟。

3 油起锅，放入鸽子肉、姜片、料酒、红青椒条、莴笋、芹菜、胡萝卜、冬笋及全部调料，盛出炒好的菜肴。

好老婆必学
老公这样吃身体棒，精力足

叉烧鹌鹑蛋

● 难易度：★☆☆

● 烹饪时间：12分钟 ● 功效：益气补血

原料：鹌鹑蛋250克，叉烧酱15克

调料：食用油适量

★ ☆ ★ \ tips /

煮好的鹌鹑蛋要立即放入凉水中浸泡片刻，这样容易剥去蛋壳。

 ● ● 做法 ● ●

1 砂锅中注水，倒入鹌鹑蛋，大火煮开转小火煮8分钟至熟。

2 关火后捞出煮好的鹌鹑蛋放入凉水中冷却。

3 剥去鹌鹑蛋的壳，放入碗中待用。

4 用油起锅，倒入叉烧酱，炒匀，放入鹌鹑蛋油煎约2分钟至转色即可。

陈皮炒鸡蛋

●难易度：★☆☆

●烹饪时间：2分钟　●功效：益智健脑

原料：鸡蛋3个，水发陈皮5克，姜汁100毫升，葱花少许

调料：盐3克，水淀粉、食用油各适量

・・（做法）・・

1 洗好的陈皮切丝。

2 取一个碗，打入鸡蛋，加入陈皮丝、盐、姜汁，搅散，倒入水淀粉，拌匀，待用。

3 用油起锅，倒入蛋液，炒至鸡蛋成形，撒上葱花，略炒片刻，关火后盛出炒好的菜肴，装入盘中即可。

鸡蛋水果沙拉

●难易度：★☆☆

●烹饪时间：3分钟　●功效：增强免疫

原料：去皮猕猴桃1个，苹果1个，橙子160克，熟鸡蛋1个，酸奶60克

调料：南瓜籽油5毫升

・・（做法）・・

1 猕猴桃取一半切片，另一半切成块；苹果切块；橙子切片；鸡蛋切小瓣。

2 取一干净的盘，摆上橙子片，每片橙子上放上一片猕猴桃，中间放上苹果和猕猴桃。

3 取碗，加酸奶、南瓜籽油，将材料拌匀，制成沙拉酱，将沙拉酱倒在水果上，顶端放上切好的鸡蛋即可。

薄荷鸭汤

难易度：★☆☆

烹饪时间：48分钟 ● 功效：益气补血

原料： 鸭肉350克，玉竹2克，百合15克，薄荷叶、姜片各少许

调料： 盐2克，鸡粉3克，料酒、食用油各适量

··· 做法 ···

1 锅中加水、鸭肉块，淋入料酒，氽去血水，捞出装盘。

2 用油起锅，放入鸭肉、姜片，淋入料酒炒匀，盛出装盘。

3 砂锅置于火上，放入玉竹、鸭肉，注入适量清水，淋入少许料酒，用大火煮开后转小火煮30分钟。

4 放入百合、薄荷叶，续煮15分钟至食材熟透。

5 揭盖，放入盐、鸡粉，拌匀调味。

6 关火后盛出煮好的汤料，装入碗中即可。

tips

若没有新鲜的薄荷叶可选用干薄荷，要减少用量。

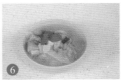

山药田七炖鸡汤

- ●难易度：★☆☆
- ●烹饪时间：42分钟　●功效：保肝护肾

原料：鸡肉块300克，胡萝卜120克，山药90克，田七、姜片各少许

调料：盐1克，鸡粉1克，料酒4毫升

●‧●　做法　●‧●

1 山药、胡萝卜切滚刀块。

2 锅中注水烧开，倒入鸡肉块，淋入料酒，汆去血水，捞出，沥干。

3 砂锅中注水，加田七、姜片、鸡肉块、胡萝卜、山药、料酒，煮至食材熟透。

4 加入盐、鸡粉，拌匀调味，盛出煮好的汤料即成。

蜂蜜蛋花汤

- ●难易度：★☆☆
- ●烹饪时间：1分30秒　●功效：增强免疫

原料：菠鸡蛋2个，蜂蜜少许

●‧●　做法　●‧●

1 将鸡蛋打入碗中，搅散，调成蛋液，待用。

2 锅中注入适量清水烧开，倒入蛋液，边倒边搅拌，用大火略煮一会儿，至液面浮现蛋花，放入备好的蜂蜜，搅拌均匀，至其溶入汤汁中。

3 关火后盛出煮好的蛋花汤，装入碗中即成。

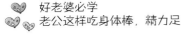

健康粥品

菠菜银耳粥

● 难易度：★☆☆

● 烹饪时间：37分钟

● 功效：安神助眠

原料：菠菜100克，水发银耳150克，水发大米180克

调料：盐2克，鸡粉2克，食用油适量

tips

银耳淡黄色的部分不宜食用，否则可能会引发不良反应。

 做法

1 银耳切去黄色根部，再切成小块；洗好的菠菜切成段。

2 砂锅中注水烧开，倒入泡好的大米拌匀，烧开后用小火煮至大米熟软。

3 放入银耳拌匀，续煮至食材熟烂。

4 放入菠菜拌匀，倒入食用油拌匀，加鸡粉、盐调味即可。

板栗粥

● 难易度：★☆☆

● 烹饪时间：30分钟　● 功效：健脾止泻

原料：板栗肉90克，水发大米120克

调料：盐2克

● · · 做法 · · ●

1 将洗好的板栗切片，切成条，再切碎，装入碗中，备用。

2 锅中注入适量清水，倒入板栗末，用大火煮沸，下入水发好的大米，搅拌匀，用小火煮30分钟至大米熟烂。

3 加入适量盐，拌匀调味，盛出煮好的粥，装入碗中即可。

冬瓜莲子绿豆粥

● 难易度：★☆☆

● 烹饪时间：60分钟　● 功效：清热解毒

原料：冬瓜200克，水发绿豆70克，水发莲子90克，水发大米180克

调料：冰糖20克

● · · 做法 · · ●

1 洗净去皮的冬瓜切成小块，备用。

2 砂锅中注水烧开，倒入绿豆、莲子，放入洗好的大米，拌匀，烧开后用小火煮至食材熟软，放入冬瓜块，用小火续煮15分钟至食材熟透，放入适量冰糖，煮约3分钟至冰糖溶化。

3 盛出煮好的粥，装入碗中即可。

核桃木耳粥

原料：大米200克，水发木耳45克，核桃仁20克，葱花少许
调料：盐2克，鸡粉2克，食用油适量

做法

1 将洗净的木耳切小块，装入盘中待用。

2 砂锅中注水烧开，倒入泡发好的大米拌匀。

3 放入木耳、核桃仁，加少许食用油，搅拌匀。

4 用小火煲30分钟，至大米熟烂。

5 加入适量盐、鸡粉，用勺拌匀调味。

6 将煮好的粥盛出，装入碗中，撒上葱花即成。

tips

核桃仁入锅前，先切成小块，这样可加速核桃仁熟烂，也利于消化吸收。

果味麦片粥

● 难易度：★☆☆

● 烹饪时间：9分钟　● 功效：健脑益智

原料：猕猴桃40克，圣女果35克，燕麦片70克，牛奶150毫升，葡萄干30克

•• 做法 ••

1 将洗净的圣女果对半切开，切成小块，再切成丁；猕猴桃切瓣，去皮，把果肉切成条，再切成丁。

2 汤锅中注水烧热，放入适量葡萄干，烧开后煮3分钟，倒入牛奶，放入燕麦片，拌匀，转小火煮5分钟至呈黏稠状，倒入部分猕猴桃，搅拌均匀。

3 将锅中成粥盛出装碗，放入圣女果和剩余的猕猴桃即可。

海藻绿豆粥

● 难易度：★☆☆

● 烹饪时间：62分钟　● 功效：清热解毒

原料：水发大米150克，水发绿豆100克，水发海藻90克

调料：盐少许

•• 做法 ••

1 砂锅中加水、绿豆、大米，拌匀，煮约60分钟，至米粒变软。

2 撒上洗净的海藻，搅拌匀，转中火续煮片刻，至食材熟透，加入盐，拌煮至米粥入味。

3 关火后盛出煮好的绿豆粥，装入汤碗中，待稍微放凉后即可食用。

黑芝麻核桃粥

难易度：★☆☆

烹饪时间：42分钟　功效：增强记忆

原料：黑芝麻15克，核桃仁30克，
糙米120克

调料：白糖6克

tips

煮制此粥时，白糖不要放太
多，以免成品过甜。

 做法

1 将核桃仁倒入木臼压碎，倒入碗中。

2 汤锅中注水烧热，倒入洗净的糙米拌匀，烧开后用小火煮30
分钟至糙米熟软。

3 倒入核桃仁拌匀，用小火煮10分钟至食材熟烂。

4 倒入黑芝麻拌匀，加入白糖，煮至白糖溶化即可。

山药黑豆粥

● 难易度：★☆☆

● 烹饪时间：47分钟　● 功效：保肝护肾

原料：小米70克，山药90克，水发黑豆80克，水发薏米45克，葱花少许

调料：盐2克

•　•　做法　•　•

1　将洗净去皮的山药切丁。

2　锅中注水烧开，倒入黑豆、薏米，搅拌均匀，倒入小米，快速搅拌均匀，煮至食材熟软。

3　放入山药，搅拌均匀，续煮至全部食材熟透，放入盐，拌匀至入味，将煮好的粥盛出，装入碗中，放上葱花即可。

绿豆雪梨粥

● 难易度：★☆☆

● 烹饪时间：32分钟　● 功效：降低血压

原料：水发绿豆100克，水发大米120克，雪梨100克

调料：冰糖20克

•　•　做法　•　•

1　雪梨去核，切成丁。

2　砂锅中注水烧开，放入洗净的绿豆、大米，搅拌匀，烧开后用小火煮至食材熟软，倒入切好的雪梨，加入适量冰糖，搅匀，煮至溶化，搅拌片刻，使食材味道均匀。

3　盛出煮好的粥，装入碗中即可。

南瓜燕麦粥

● 难易度：★☆☆

● 烹饪时间：21分30秒

● 功效：增高助长

原料：南瓜190克，燕麦90克，水发大米150克
调料：白糖20克，食用油适量

· · 做法 · ·

1 将装好盘的南瓜放入烧开的蒸锅蒸熟。

2 把蒸熟的南瓜取出，用刀将南瓜压烂，剁成泥状，备用。

3 砂锅注入适量清水，大火烧开，倒入水发好的大米，拌匀。

4 再加少许食用油搅拌匀，慢火煲20分钟至大米熟烂。

5 放入备好的南瓜搅拌匀，大火煮沸。

6 加入白糖拌煮至融化，装碗即成。

\ tips /

南瓜本身有甜味，所以煮制此粥时白糖不要放太多。

糯米红薯粥

● 难易度：★☆☆

● 烹饪时间：4分钟　● 功效：开胃消食

原料：水发红豆90克，糯米65克，板栗肉85克，红薯100克

调料：白糖7克

· · 做法 · ·

1 取榨汁机，糯米磨成粉，装碗，再将红豆磨成末，放在另一个碗中。

2 红薯切片，板栗肉切小块，蒸至熟软，红薯剁成末；板栗剁成细丁。

3 汤锅中加水、糯米粉、红豆、板栗丁、红薯末，制成米糊，撒上白糖，煮至糖分完全溶化，盛出煮好的米粥，放在小碗中即可。

桑葚粥

● 难易度：★☆☆

● 烹饪时间：35分钟　● 功效：降低血压

原料：桑葚干6克，水发大米150克

· · 做法 · ·

1 砂锅中注入适量清水烧开，放入洗净的桑葚干，用大火煮15分钟，至其析出营养成分，捞出桑葚。

2 倒入洗净的大米，搅散，烧开后用小火续煮30分钟，至食材熟透，把煮好的桑葚粥盛出，装入碗中即可。

枣泥小米粥

难易度：★☆☆

烹饪时间：22分钟

功效：安神助眠

原料：小米85克，红枣20克

tips

在杵臼中捣红枣时，动作要轻一些，以免使红枣溅出。

 做法

1 蒸锅上火烧沸，放入装有红枣的小盘子，用中火蒸至红枣变软，取出蒸好的红枣，凉凉。

2 将放凉的红枣切开，取出果核，再切碎，剁成细末，倒入杵臼中捣成红枣泥。

3 汤锅中注水烧开，倒入洗净的小米，搅拌几下，使米粒散开，用小火煮至米粒熟透。

4 再加入红枣泥搅拌匀，续煮片刻至沸腾即成。

双米银耳粥

● 难易度：★☆☆
● 烹饪时间：31分钟　● 功效：降低血压

原料：水发小米120克，水发大米130克，水发银耳100克

●‥● 做法 ●‥●

1　洗好的银耳切去黄色根部，再切成小块，备用。
2　砂锅中注入适量清水烧开，倒入洗净的大米，加入洗好的小米，搅匀，放入切好的银耳，继续搅拌匀，烧开后用小火煮30分钟，至食材熟透。
3　把煮好的粥盛出，装汤碗中即可。

胡萝卜瘦肉粥

● 难易度：★☆☆
● 烹饪时间：33分钟　● 功效：保护视力

原料：水发大米70克，瘦肉45克，胡萝卜25克，洋葱15克，西芹20克
调料：盐1克，鸡粉1克，胡椒粉2克，芝麻油适量

●‥● 做法 ●‥●

1　洋葱、胡萝卜、西芹切成粒；瘦肉剁成肉末。
2　砂锅中加水、大米、瘦肉末、西芹、胡萝卜、洋葱，煮至断生。
3　加入鸡粉、盐、胡椒粉，拌匀调味，淋入芝麻油，拌煮至食材入味，盛出煮好的粥，装入碗中即可。

原料：水发大米180克，鲜蚕豆60克，枸杞少许

难易度：★☆☆

烹饪时间：32分钟 ● 功效：开胃消食

蚕豆枸杞粥

做法

1 砂锅中注入适量清水烧热，倒入洗净的大米。

2 放入备好的蚕豆，搅拌一会儿，使米粒散开。

3 盖上盖，大火烧开后改小火煮约20分钟，至米粒变软。

4 揭盖，撒上洗净的枸杞，拌匀。

5 盖盖，用中小火续煮约10分钟，至食材熟透。

6 揭盖，搅拌几下，关火后盛出煮好的枸杞粥，装在小碗中，稍微冷却后食用即可。

\ tips /

食用时可加入少许盐，味道会更佳。

猪肝瘦肉粥

●难易度：★☆☆

●烹饪时间：42分钟　●功效：增强免疫

原料：水发大米160克，猪肝90克，瘦肉75克，生菜叶30克，姜丝、葱花各少许

调料：盐2克，料酒4毫升，水淀粉、食用油各适量

●●　做法　●●

1 瘦肉切细丝；猪肝切片；生菜切细丝。

2 将猪肝装入碗中，加盐、料酒、水淀粉、食用油，腌渍入味。

3 砂锅中加水、大米、瘦肉丝、猪肝、姜丝，拌匀，煮熟。

4 放生菜丝、盐，将煮好的粥盛出，装入碗中，撒上葱花即可。

菊花枸杞瘦肉粥

●难易度：★☆☆

●烹饪时间：32分钟　●功效：美容养颜

原料：菊花5克，枸杞10克，猪瘦肉100克，水发大米120克

调料：盐3克，鸡粉3克，胡椒粉少许，水淀粉5毫升，食用油适量

●●　做法　●●

1 猪瘦肉切片，装碗中，放盐、鸡粉、水淀粉、食用油，腌渍10分钟。

2 砂锅中加水、大米、菊花、枸杞、瘦肉片，拌匀，煮至瘦肉片熟透。

3 放入盐、鸡粉，拌匀调味，继续搅拌一会儿，使食材更入味，盛出煮好的瘦肉粥，装入汤碗中即可。

糙米牛肉粥

● 难易度：★☆☆

● 烹饪时间：33分钟

● 功效：开胃消食

原料：水发米碎70克，牛肉末55克，白菜75克，雪梨60克，洋葱30克，糙米碎50克，白芝麻少许

调料：芝麻油适量

tips

牛肉在腌渍时加少许芝麻油，可使其风味更佳。

做法

1 白菜切碎末；洋葱切粒；洗雪梨去核，切成末。

2 将牛肉末装碗中，放入洋葱、雪梨，撒上白芝麻、芝麻油拌匀，腌渍约10分钟。

3 砂锅置于火上，倒入少许芝麻油，倒入腌好的牛肉，炒匀、炒香，注水，放入米碎拌匀，烧开后用小火煮熟。

4 倒入糙米碎、白菜拌匀，用小火续煮至熟，关火后盛出煮好的牛肉粥即可。

❶

❷

❸

❹

板栗牛肉粥

● 难易度：★☆☆
● 烹饪时间：37分钟 ● 功效：保肝护肾

原料：水发大米120克，板栗肉70克，牛肉片60克

调料：盐2克，鸡粉少许

● ● ● 做法 ● ● ●

1 砂锅中注水烧热，倒入洗净的大米，搅匀，烧开后用小火煮约15分钟，再倒入洗好的板栗，拌匀，用中小火煮约20分钟，至板栗熟软，倒入备好的牛肉片，拌匀。

2 加入盐、鸡粉，搅拌匀，用大火略煮，至肉片熟透，关火后盛出煮好的粥，装入碗中即成。

小白菜洋葱牛肉粥

● 难易度：★☆☆
● 烹饪时间：25分钟 ● 功效：安神助眠

原料：小白菜55克，洋葱60克，牛肉45克，水发大米85克，姜片、葱花各少许

调料：盐2克，鸡粉2克

● ● ● 做法 ● ● ●

1 白菜切段；洋葱切小块；牛肉切丁。

2 锅中加水、牛肉、料酒，煮变色。

3 砂锅中加水、牛肉、大米、姜片、洋葱，煮至食材熟软，煮出香味，倒入小白菜，拌匀。

4 加入盐、鸡粉，搅匀调味，将煮好的粥盛出，装入碗中即可。

小米鸡蛋粥

难易度：★★☆☆

烹饪时间：23分钟

功效：增强免疫

原料：小米300克，鸡蛋40克

调料：盐、食用油各少许

••• 做法 •••

1 砂锅中注入适量的清水大火烧热。

2 倒入备好的小米，搅拌片刻。

3 盖上锅盖，烧开后转小火煮20分钟至熟软。

4 掀开锅盖，加入少许盐、食用油，搅匀调味。

5 打入鸡蛋，小火煮2分钟。

6 关火，将煮好的粥盛出装入碗中。

tips

煮好的粥可以盖着锅盖焖一会儿，味道会更好。

大麦花生鸡肉粥

● 难易度：★☆☆
● 烹饪时间：77分钟　● 功效：开胃消食

原料：鸡肉150克，大麦仁300克，花生米30克，葱花少许

调料：料酒少许

· · · 做法 · · ·

1　洗净的鸡肉切片。备用。

2　砂锅中注入适量清水，倒入泡过的大麦仁、花生米，放入切好的鸡肉，拌匀，用大火煮开后转小火续煮1小时至食材熟软，加入料酒，拌匀，续煮15分钟，拌匀，煮至食材入味。

3　关火后盛出煮好的粥，装入碗中，撒上葱花即可。

羊肉淡菜粥

● 难易度：★☆☆
● 烹饪时间：61分钟　● 功效：增强免疫

原料：水发淡菜100克，水发大米200克，羊肉末10克，姜片、葱花各少许

调料：盐2克，鸡粉2克

· · · 做法 · · ·

1　砂锅中注入适量清水，大火烧热，倒入泡发好的大米，搅拌片刻，煮开转小火30分钟至熟软，倒入淡菜、羊肉，放入姜片、葱花，搅匀，中火续煮30分钟。

2　放入盐、鸡粉，搅拌片刻至食材入味，将煮好的粥盛出装入碗中即可。

家常主食

难易度：★☆☆

烹饪时间：62分钟

功效：增强免疫

胡萝卜丝蒸小米饭

原料：水发小米150克，去皮胡萝卜100克

调料：生抽适量

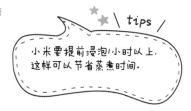
tips

小米要提前浸泡小时以上，这样可以节省蒸煮时间。

做法

1 洗净的胡萝卜切丝。

2 取一碗，加入洗好的小米，倒入适量清水，待用。

3 蒸锅中注水烧开，放上小米蒸熟，放上胡萝卜丝续蒸20分钟至熟透。

4 关火后取出蒸好的小米饭，加上少许生抽即可。

红薯糙米饭

- 难易度：★☆☆
- 烹饪时间：57分钟　● 功效：益气补血

原料：水发糙米220克，红薯150克

·· 做法 ··

1 将去皮洗净的红薯切片，再切条形，改切丁。

2 锅中注水烧热，倒入洗净的糙米，拌匀，烧开后转小火煮至米粒变软，倒入红薯丁，搅散、拌匀，用中小火煮约15分钟，至食材熟透。

3 关火后盛出煮好的糙米饭，装在碗中，稍微冷却后食用即可。

南瓜拌饭

- 难易度：★☆☆
- 烹饪时间：22分钟　● 功效：补锌

原料：南瓜90克，芥菜叶60克，水发大米150克

调料：盐少许

·· 做法 ··

1 南瓜切成粒，洗好的芥菜切成粒。

2 大米倒入碗中，加入清水、南瓜。

3 将装有大米、南瓜的碗放入蒸锅中，蒸至熟透，大米和南瓜取出。

4 汤锅中注水，放入芥菜，煮沸，放入蒸好的南瓜，搅拌均匀，加盐，用锅勺拌匀调味，将煮好的食材盛出，装入碗中即成。

原料：菠萝肉70克，水发大米75克，牛奶50毫升

菠萝蒸饭

难易度：★☆☆

烹饪时间：46分钟　功效：清热解毒

· · 做法 · ·

1 将水发好的大米装入碗中，倒入适量清水，待用。

2 菠萝肉切片，再切成条，改切成粒。

3 烧开蒸锅，放入处理好的大米。

4 用中火蒸30分钟至大米熟软。

5 将菠萝放在米饭上，加入牛奶，用中火蒸15分钟。

6 把蒸好的菠萝米饭取出，用筷子翻动，稍冷却后即可食用。

\ tips /

牛奶不宜蒸制过久，以免营养成分过多流失。

红豆薏米饭

● 难易度：★☆☆
● 烹饪时间：31分钟　● 功效：降低血糖

原料：水发红豆100克，水发薏米90克，水发糙米90克

• • 做法 • •

1 把洗好的糙米装入碗中，放入洗净的薏米、红豆，搅拌匀，注入清水。
2 将装有食材的碗放入烧开的蒸锅中，用中火蒸30分钟，至食材熟透，取出蒸好的红豆薏米饭即可。

椰浆红薯米饭

● 难易度：★☆☆
● 烹饪时间：27分钟　● 功效：益智健脑

原料：水发大米200克，水发黑米150克，红薯140克，椰浆180毫升
调料：白糖适量

• • 做法 • •

1 洗净去皮的红薯切滚刀块。
2 取碗，倒入大米、黑米、清水、大米、红薯，蒸25分钟至熟软。
3 .砂锅置于火上，倒入椰浆，加入白糖，搅匀融化，煮至沸，盛出装入碗中待用。
4 取出米饭，装入碗中，摆上红薯块，浇上椰浆即可。

燕麦五宝饭

难易度：★☆☆

烹饪时间：21分钟

功效：增强免疫

原料：水发大米120克，水发黑米60克，水发红豆45克，水发莲子30克，燕麦40克

★ ＼ tips ／

先用水将食材泡发，可以缩短烹煮时间。

做法

1 砂锅中注水烧热，倒入洗好的大米、黑米、莲子。
2 将洗净的红豆、燕麦放入锅中，将食材搅拌均匀。
3 烧开后用小火煮20分钟至熟。
4 关火后揭开盖，将煮熟的饭盛出即可。

❶

❷

❸

❹

芋头饭

● 难易度：★☆☆

● 烹饪时间：25分钟　● 功效：增强免疫

原料：芋头260克，猪瘦肉120克，水发大米200克，鲜鱿鱼40克，海米20克，蒜末少许

调料：料酒5毫升，生抽4毫升，鸡粉2克，盐2克，食用油适量

● ● 做法 ● ●

1 芋头切丁；瘦肉剁成末；鱿鱼切条形；海米切碎。

2 油起锅，加瘦肉末、蒜末、海米、鱿鱼，炒片刻，盛出炒好的食材。

3 砂锅中加水、大米、芋头，煮至变软，煮至熟透，盛出煮好的饭即可。

生蚝蒸饭

● 难易度：★☆☆

● 烹饪时间：50分钟　● 功效：美容养颜

原料：水发大米300克，生蚝150克，熟白芝麻适量，葱花、姜末、蒜末各少许

调料：生抽5毫升，料酒4毫升，胡椒粉、芝麻油各适量

● ● 做法 ● ●

1 生蚝加葱花、姜末、蒜末、料酒、生抽，拌匀，腌渍入味。

2 蒸锅中加水、生蚝，蒸至熟透。

3 砂锅中加清水、大米、生蚝、生抽、芝麻油、胡椒粉，拌匀。

4 盛出煮好的米饭，装入碗中，撒上白芝麻即可。

清蒸排骨饭

难易度：★☆☆

● 烹饪时间：15分钟 ● 功效：增强免疫

原料：米饭170克，排骨段150克，上海青70克，蒜末、葱花各少许
调料：盐、鸡粉、生抽、料酒、生粉、芝麻油、食用油各适量

· · 做法 · · ·

1 洗净的上海青对半切开。

2 把排骨段放入碗中，加盐、鸡粉、生抽、蒜末、料酒，拌匀。

3 放入生粉、芝麻油，拌匀，装入蒸盘，腌渍约15分钟。

4 上海青焯煮约半分钟，捞出焯煮好的上海青，沥干水分。

5 蒸锅上，放入蒸盘，蒸约15分钟，取出蒸盘，放凉待用。

6 将米饭装入盘中，摆上焯熟的上海青，放入蒸好的排骨，点缀上葱花即可。

tips

焯煮上海青的时间不宜过长，以免上海青变黄。

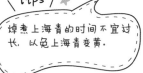   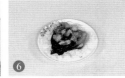

鳕鱼炒饭

● 难易度：★☆☆
● 烹饪时间：4分钟　● 功效：增强免疫

原料：凉米饭200克，鳕鱼肉120克，胡萝卜90克，白兰地10毫升，葱花少许
调料：盐3克，鸡粉2克，生抽4毫升，胡椒粉少许，食用油适量

● ● 做法 ● ●

1 胡萝卜切丝；鳕鱼肉切丁，放盐、胡椒粉、生抽，拌匀，入油锅，煎至焦黄色，盛出。
2 油起锅，放胡萝卜、米饭、鱼肉丁、盐、鸡粉、白兰地、葱花，炒至均匀。
3 关火后盛出，装入碗中即可。

牛油果虾仁炒饭

● 难易度：★☆☆
● 烹饪时间：5分钟　● 功效：清热解毒

原料：牛油果80克，凉米饭200克，净虾仁70克，蛋液70克
调料：盐2克，鸡粉2克，食用油适量

● ● 做法 ● ●

1 将去皮洗净的牛油果切成小块。
2 用油起锅，倒入蛋液，炒熟，把炒好的鸡蛋盛出。
3 油起锅，倒入虾仁、米饭，炒松散，放入炒好的蛋液，炒匀。
4 放盐、鸡粉，炒匀调味，加入牛油果肉块，炒匀，关火后盛出，装入碗中即可。

西红柿鸡蛋炒面

● 难易度：★☆☆

● 烹饪时间：3分钟

● 功效：清热解毒

原料：西红柿120克，鸡蛋液80克，熟粗面条280克，葱段少许

调料：番茄酱10克，盐2克，鸡粉2克，食用油适量

★ \ tips /

倒入面条后一定要快炒，以免糊锅。

● ● ● 做法 ● ● ●

1 洗净的西红柿切小块。

2 热锅注油烧热，倒入鸡蛋液炒凝固，翻炒松散后，将鸡蛋盛出待用。

3 锅底留油烧热，倒入葱段炒香，倒入西红柿，挤入番茄酱，翻炒均匀，倒入熟粗面条，快速翻炒匀。

4 加入鸡蛋、盐、鸡粉调味，将炒好的面盛出装入碗中即可。

①

②

③

④

豆角鸡蛋炒面

● 难易度：★☆☆

● 烹饪时间：2分钟　● 功效：保肝护肾

原料：熟宽面200克，豆角50克，鸡蛋液65克，葱花少许

调料：盐2克，鸡粉2克，生抽5毫升，白胡椒粉、食用油各适量

● ● 做法 ● ●

1　处理好的豆角切成小段。

2　锅中加水、豆角，汆煮片刻。

3　热锅注油，加蛋液，将炒好的鸡蛋盛出；锅底留油，放豆角、熟宽面、鸡蛋，炒匀。

4　加生抽、盐、鸡粉、白胡椒粉，将炒好的面盛出，撒上葱花即可。

金枪鱼酱拌面

● 难易度：★☆☆

● 烹饪时间：5分钟　● 功效：保护视力

原料：荞麦面140克，金枪鱼酱45克，洋葱丝20克，姜末少许

调料：芥末酱少许

● ● 做法 ● ●

1　锅中注水烧开，放入备好的荞麦面，搅散，煮约4分钟，至面条熟透，关火后捞出煮好的面条，沥干水分，待用。

2　取一个盘子，倒入煮熟的荞麦面，放入备好的金枪鱼酱、洋葱丝，撒上姜末，挤入少许芥末酱即成。

肉末洋葱面

难易度：★☆☆

烹饪时间：5分钟 ● 功效：美容养颜

原料：宽面300克，洋葱末35克，肉末45克，姜末、蒜末各少许
调料：盐、五香粉各2克，鸡粉1克，生抽2毫升，料酒3毫升，水淀粉、食用油各适量

•• 做法 ••

1 用油起锅，倒入肉末炒匀，加入料酒炒变色。
2 撒上姜末、蒜末炒出香味，倒入洋葱末炒至变软。
3 注水，加盐、生抽、鸡粉、五香粉、水淀粉，制成肉末酱。
4 锅中注水烧开，放入宽面，煮至面条熟透，捞出沥干水分。
5 取一个汤碗，放入煮熟的面条。
6 倒入炒好的肉末酱，食用时拌匀即可。

tips

水淀粉的用量可以适量多一些，这样臊子的色泽更好看，口感也更爽滑。

南瓜面片汤

● 难易度：★☆☆

● 烹饪时间：5分钟　● 功效：益气补血

原料：馄饨皮100克，南瓜200克，香菜叶少许

调料：盐、鸡粉各2克，食用油适量

•• 做法 ••

1 洗好去皮的南瓜切成丁。

2 用油起锅，倒入切好的南瓜，炒匀，加入适量清水，煮约1分钟，放入馄饨皮，搅匀。

3 加入盐、鸡粉，拌匀，煮约3分钟至食材熟软，盛出煮好的面汤，装入碗中，点缀上香菜叶即可。

五彩蔬菜烩面片

● 难易度：★☆☆

● 烹饪时间：7分钟　● 功效：增强免疫

原料：馄饨皮、胡萝卜、菠菜、水发香菇、肉末、香干各适量

调料：盐、鸡粉、胡椒粉、生抽、料酒、芝麻油、食用油各适量

•• 做法 ••

1 香干切条；香菇去蒂，切条；胡萝卜切片。

2 锅中加水、菠菜，煮至断生。

3 油起锅，加肉末、料酒、生抽、鸡粉；锅中加水、胡萝卜、香菇、香干、馄饨皮、盐、鸡粉、胡椒粉、芝麻油，煮至熟软，放好食材。

101

猪肝杂菜面

难易度：★☆☆

烹饪时间：7分钟　功效：益气补血

❶

❷

❸

❹

原料：乌冬面250克，猪肝片100克，韭菜10克，冬菜少许，高汤400毫升

调料：盐、鸡粉各2克，生抽4毫升

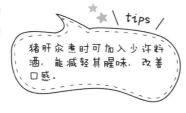
★★ tips

猪肝汆煮时可加入少许料酒，能减轻其腥味，改善口感。

 做法

1 将洗净的韭菜切小段。

2 锅中注水烧开，放入猪肝片汆去血水，捞出猪肝，沥干水分；锅中注水烧开，放入乌冬面煮熟，盛出沥干。

3 炒锅置火上，倒入高汤，撒上冬菜，加入盐、鸡粉、生抽调味，倒入猪肝片，放入韭菜段拌匀，煮至断生。

4 关火后盛出汤料，浇在面条上即成。

Part 3

爱心和营养，

送给这样的老公

　　老公因所处行业的不同、工作性质的不同，所以营养的消耗与流失就不尽一样。体力工作的老公，老婆要做一些能快速恢复体力的菜肴；脑力工作的老公，老婆要做一些能补脑安神的菜肴；经常熬夜的老公，老婆要做一些能滋阴清热的菜肴……本章介绍了各种具有针对性的菜肴，供各位老婆根据自己老公的特点来选择适合的菜肴进行学习和烹饪。

从事体力工作的老公这样吃

腐竹烩菠菜

○ 难易度：★☆☆

○ 烹饪时间：3分钟

○ 功效：降低血压

原料：菠菜85克，虾米10克，腐竹50克，姜片、葱段各少许

调料：盐2克，鸡粉2克，生抽3毫升，食用油适量

tips

菠菜不要炒太久，以免破坏其营养。

 做法

1 洗净的菠菜切成段，备用。

2 热锅注油，倒入腐竹炸至金黄色，捞出沥干油。

3 锅底留油烧热，倒入姜片、葱段爆香，放入虾米、腐竹炒出香味，加水、盐、鸡粉调味，淋入生抽炒匀，煮至食材熟透。

4 放入菠菜炒至待菠菜熟软入味，盛出装盘即可。

蒜蓉芥蓝片

● 难易度：★☆☆
● 烹饪时间：1分30秒　● 功效：开胃消食

原料：芥蓝梗350克，蒜末少许

调料：盐4克，料酒4毫升，鸡粉2克，水淀粉4毫升，食用油适量

● ● 做法 ● ●

1 洗净去皮的芥蓝切片。
2 锅中加水、盐、芥蓝片、食用油，煮半分钟，捞出，沥干。
3 用油起锅，放入蒜末，爆香，倒入芥蓝片，淋入料酒，加盐、鸡粉，炒匀调味，倒入水淀粉，炒匀，盛出炒好的芥蓝，装入盘中，摆好即成。

腰果葱油白菜心

● 难易度：★☆☆
● 烹饪时间：2分钟　● 功效：增强免疫

原料：腰果50克，大白菜350克，葱条20克

调料：盐2克，鸡粉2克，水淀粉、食用油各适量

● ● 做法 ● ●

1 将洗净的大白菜对半切开，去芯，切成小块，装入盘中，待用。
2 热锅注油，烧至三成热，放入腰果，炸出香味，捞出，装入盘中，备用。
3 锅底留油，放入葱条，爆香，将葱条捞出，放入大白菜，炒匀，加入盐、鸡粉调味，倒入水淀粉，炒均匀，盛出，装入碗中，再放上腰果即成。

干焖大虾

难易度：★☆☆

烹饪时间：一分30秒

功效：增强免疫

原料： 基围虾180克，洋葱丝50克，姜片、蒜末、葱花各少许
调料： 料酒10毫升，番茄酱20克，白糖2克，盐、食用油各适量

··· 做法 ···

1 洗净的基围虾去掉头须和虾脚，将腹部切开。

2 热锅注油，烧至六成热，放入基围虾炸至深红色，捞出沥干油，待用。

3 锅底留油，放入蒜末、姜片，加入洋葱丝，爆香。

4 倒入炸好的基围虾，淋入适量料酒。

5 加入少许清水，放入盐、白糖、番茄酱，炒匀调味。

6 关火后将炒好的食材盛出，装入盘中，撒上葱花即可。

tips
炸过的虾炒制时间不宜过长，否则虾肉的口感就会变差。

白果桂圆炒虾仁

● 难易度：★☆☆

● 烹饪时间：1分30秒　● 功效：保肝护肾

原料：白果150克，桂圆肉40克，彩椒60克，虾仁200克，姜片、葱段各少许

调料：盐4克，鸡粉4克，胡椒粉1克，料酒8毫升，水淀粉10毫升，食用油适量

· · 做法 · ·

1 彩椒切丁；虾仁去除虾线，加盐、鸡粉、胡椒粉、水淀粉、食用油，拌匀。

2 锅中加水、盐、食用油、白果、桂圆肉、彩椒、虾仁放水锅中，煮变色。

3 锅底留油，放姜片、葱段、白果、桂圆、彩椒、虾仁、料酒、鸡粉、盐、鸡粉盛出炒好的菜肴，装入盘中即可。

菠菜炒鸡蛋

● 难易度：★☆☆

● 烹饪时间：1分30秒　● 功效：增强免疫

原料：菠菜65克，鸡蛋2个，彩椒10克

调料：盐2克，鸡粉2克，食用油适量

· · 做法 · ·

1 洗净的彩椒切开，去籽，切条形，再切成丁，洗好的菠菜切成粒。

2 鸡蛋打入碗中，加入适量盐、鸡粉，搅匀打散，制成蛋液，待用。

3 用油起锅，倒入蛋液，翻炒均匀，加入彩椒，翻炒匀，倒入菠菜粒，炒至食材熟软，关火后盛出炒好的菜肴，装入盘中即可。

枸杞黑豆炖羊肉

难易度：★☆☆

烹饪时间：61分钟

功效：美容养颜

①

②

③

④

原料：羊肉400克，水发黑豆100克，枸杞10克，姜片15克

调料：料酒18毫升，盐2克，鸡粉2克

tips

黑豆在烹煮前先用温水泡一晚上，这样更易煮熟透。

• • 做法 • •

1 锅中注水烧开，倒入羊肉，淋入料酒，汆去血水，捞出沥干水分。

2 砂锅中注水烧开，倒入洗净的黑豆，放入羊肉，加入姜片、枸杞，淋入料酒拌匀，烧开后用小火炖至食材熟透。

3 放入适量盐、鸡粉，用勺拌匀调味。

4 关火后盛出炖好的汤料，装入汤碗中即可。

锁阳韭菜羊肉粥

● 难易度：★☆☆
● 烹饪时间：48分钟　● 功效：保肝护肾

原料：锁阳10克，韭菜90克，羊肉100克，水发大米150克

调料：盐3克，鸡粉3克，水淀粉4毫升，芝麻油2毫升，料酒5毫升，食用油适量

●‧‧ 做法 ‧‧●

1 韭菜切段；羊肉切碎，放盐、鸡粉、料酒、水淀粉、芝麻油、食用油腌15分钟。
2 锅中注水烧开，放锁阳煮15分钟，将药渣捞净，倒入大米拌匀，小火煮30分钟至大米熟透。
3 倒入羊肉，放盐、鸡粉调味，倒入韭菜煮熟，盛入碗中，即可食用。

子姜菠萝炒牛肉

● 难易度：★☆☆
● 烹饪时间：2分钟　● 功效：开胃消食

原料：嫩姜100克，菠萝肉100克，红椒15克，牛肉180克，蒜末、葱段各少许

调料：盐3克，鸡粉、食粉各少许，番茄汁15克，料酒、水淀粉、食用油各适量

●‧‧ 做法 ‧‧●

1 红椒切小块；菠萝肉切小块。
2 嫩姜切片，放盐抓匀，腌15分钟；牛肉切片，放食粉、盐、鸡粉、水淀粉、食用油，拌匀腌渍10分钟。
3 姜片、菠萝、红椒放入沸水中，焯煮半分钟；热油爆香蒜末，放牛肉、料酒、其他材料、番茄汁、水淀粉翻炒至熟即可。

109

山药白果炖牛肉

难易度：★★☆☆☆

烹饪时间：82分钟 · 功效：增强免疫

原料：水发香菇5克，山药丁30克，熟鸡蛋1个，白果10克，牛肉块200克，熟松子仁5克，红枣8克，雪梨块200克，蒜末、葱花各少许

调料：盐3克，鸡粉2克，胡椒粉、水淀粉、生抽、料酒各适量

· · 做法 · ·

1 锅中注水烧开，倒入洗净的白果略煮，捞出装盘。

2 锅中放入牛肉汆去血水，捞出装盘。

3 砂锅中注水烧开，倒入牛肉、香菇、红枣、料酒，煮1小时。

4 放入山药、蒜末煮20分钟；熟鸡蛋切小块，倒入白果、雪梨拌匀。

5 加入生抽、盐、鸡粉、胡椒粉，倒入水淀粉勾芡。

6 盛出炖煮好的菜肴，放上松子仁、鸡蛋即可。

\ tips /

白果有微毒，先将其焯煮一会儿，以减轻其毒性。

山药南瓜粥

● 难易度：★☆☆
● 烹饪时间：46分钟　● 功效：益气补血

原料：山药85克，南瓜120克，水发大米120克，葱花少许

调料：盐2克，鸡粉2克

・・ 做法 ・・

1 将洗净去皮的山药、南瓜切片，再切条，改切成丁。

2 砂锅中注入适量清水烧开，倒入大米，搅拌匀，用小火煮30分钟，至大米熟软，放入南瓜、山药，拌匀，用小火煮15分钟，至食材熟烂。

3 加入盐、鸡粉，搅匀调味，将煮好的粥盛入碗中，撒上葱花即可。

香菇大米粥

● 难易度：★☆☆
● 烹饪时间：22分钟　● 功效：补钙

原料：水发大米120克，鲜香菇30克
调料：盐、食用油各适量

・・ 做法 ・・

1 香菇切成粒。

2 砂锅中注入适量清水烧开，倒入洗净的大米，搅拌均匀，烧开后用小火煮约30分钟至大米熟软，倒入香菇粒，搅拌匀，煮至断生。

3 加入盐、食用油，搅拌片刻至食材入味，盛出煮好的粥，装入碗中，待稍微放凉即可食用。

固肾补腰鳗鱼汤

难易度：★☆☆

烹饪时间：36分钟

功效：保肝护肾

原料：黄芪6克，五味子3克，补骨脂6克，陈皮2克，鳗鱼400克，猪瘦肉300克，姜片15克

调料：盐、鸡粉、料酒、食用油适量

tips

炸鳗鱼时的油温不要太高，以免炸煳。

•• 做法 ••

1 洗好的猪瘦肉切成丁；热锅注油，将洗净的鳗鱼炸至金黄色，捞出沥干油。

2 砂锅中注水烧开，倒入洗净的药材，加入瘦肉丁、姜片搅匀，烧开后用小火煮至药材析出有效成分。

3 倒入炸好的鳗鱼，淋入适量料酒，用小火续煮至食材熟透。

4 加入鸡粉、盐搅匀至食材入味，盛出煮好的汤料，装入汤碗中即可。

党参蛤蜊汤

- 难易度：★☆☆
- 烹饪时间：26分钟　●功效：降低血压

原料：党参10克，玉竹8克，蛤蜊400克，姜片、葱花各少许

调料：盐2克，鸡粉2克

做法

1 蛤蜊打开，去除脏物，待用。

2 锅中注水烧开，倒入玉竹、党参，用小火煮15分钟，至药材析出有效成分，放入姜片，倒入处理好的蛤蜊，用小火再煮10分钟，至食材熟透。

3 放入少许鸡粉、盐，用勺拌匀调味，盛出煮好的汤料，装入汤碗中，撒入葱花即可。

田七山药牛肉汤

- 难易度：★☆☆
- 烹饪时间：73分钟　●功效：益气补血

原料：牛肉180克，山药120克，田七粉、枸杞各少许

调料：盐1克，鸡粉1克，料酒6毫升

做法

1 牛肉切成丁；山药去皮，切小块。

2 锅中注水烧开，倒入牛肉，淋入料酒，余去血水，捞出，沥干。

3 砂锅中加水、牛肉、田七粉、料酒，煮约50分钟，倒入山药、枸杞，煮约20分钟。

4 加盐、鸡粉，拌匀，煮至食材入味，盛出煮好的汤料即可。

原料：水发黑豆60克，胡萝卜块50克

难易度：★★☆☆

烹饪时间：17分钟 ● 功效：降低血压

胡萝卜黑豆豆浆

做法

1 将已浸泡8小时的黑豆倒入碗中，加水洗净。
2 将洗好的黑豆倒入滤网，沥干水分。
3 把黑豆、胡萝卜块倒入豆浆机中，注入清水，至水位线即可。
4 豆浆机机头开始打浆，待豆浆机运转约15分钟，即成豆浆。
5 将豆浆机断电，把煮好的豆浆倒入滤网，滤取豆浆。
6 倒入杯中，用汤匙捞去浮沫，待稍微放凉后即可饮用。

tips

将胡萝卜切得小一些，可以降低豆浆机的磨损。

莲藕柠檬苹果汁

● 难易度：★☆☆
● 烹饪时间：1分钟30秒　● 功效：安神助眠

原料：莲藕130克，柠檬80克，苹果120克
调料：蜂蜜15克

● ● 做法 ● ●

1 洗净的莲藕切小块，洗好的苹果切成瓣，去核，去皮，再切成小块，洗净的柠檬去皮，把果肉然切成小块。
2 砂锅中注水烧开，倒入莲藕，煮1分钟，捞出，沥干。
3 取榨汁机，将食材倒入搅拌杯中，加入纯净水，榨取蔬果蔬汁，倒入蜂蜜，搅拌均匀，将倒出搅匀的蔬果蔬汁，倒出装入杯中即可。

南瓜馒头

● 难易度：★☆☆
● 烹饪时间：73分钟　● 功效：开胃消食

原料：熟南瓜200克，低筋面粉500克，白糖50克，酵母5克
调料：食用油适量

● ● 做法 ● ●

1 将面粉、酵母倒在案板上，放入白糖、熟南瓜、水，制成南瓜面团，放入保鲜袋中，包裹好。
2 将南瓜面团切成数个剂子，即成馒头生坯，蒸约10分钟，至食材熟透。
3 取出蒸好的南瓜馒头，放在盘中，摆好即成。

115

从事脑力工作的老公这样吃

马蹄玉米炒核桃

● 难易度：★★☆
● 烹饪时间：一分30秒
● 功效：降低血脂

①

②

原料： 马蹄肉200克，玉米粒90克，核桃仁50克，彩椒35克，葱段少许

调料： 白糖4克，盐、鸡粉各2克，水淀粉、食用油各适量

★ ★ ★ tips

食材焯过水后很容易熟，因此炒的过程一定要快。

③

● ● ● 做法 ● ● ●

1 洗净的马蹄肉切小块；洗好的彩椒切小块。

2 锅中注水烧开，倒入洗好的玉米粒煮断生，倒入马蹄肉，加入食用油，倒入彩椒，加入白糖，拌匀，捞出沥干水分。

3 用油起锅，倒入葱段爆香，放入焯过水的食材炒匀，放入核桃仁，炒匀炒香。

4 加入盐、白糖、鸡粉、水淀粉炒至食材入味，盛出炒好的菜肴即可。

④

素炒海带结

● 难易度：★☆☆

● 烹饪时间：1分30秒　● 功效：降低血压

原料：海带结300克，香干80克，洋葱60克，彩椒40克，葱段少许

调料：盐2克，鸡粉2克，水淀粉4毫升，生抽、食用油各适量

● ● 做法 ● ●

1　香干切条；彩椒切条；洋葱切条。
2　锅中注水烧开，倒入食用油、海带结，煮2分钟，捞出，沥干。
3　用油起锅，倒入香干、洋葱、彩椒，炒匀，放入海带结，翻炒匀，加生抽、盐、鸡粉、水淀粉，翻炒均匀，盛出炒好的食材，装入盘中即可。

虾仁四季豆

● 难易度：★☆☆

● 烹饪时间：2分钟　● 功效：开胃消食

原料：四季豆200克，虾仁70克，姜片、蒜末、葱白各少许

调料：盐4克，鸡粉3克，料酒4毫升，水淀粉、食用油各适量

● ● 做法 ● ●

1　四季豆切成段；虾仁去除虾线，放入盐、鸡粉、水淀粉、食用油。
2　锅中加水、食用油、盐、四季豆，煮至断生。
3　油起锅，放姜片、蒜末、葱白、虾仁、四季豆、料酒、盐、鸡粉、水淀粉，拌炒匀，盛出，装盘即可。

117

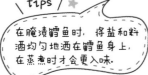

豉香葱丝鳕鱼

难易度：★☆☆

烹饪时间：15分钟 功效：增强免疫

原料：鳕鱼230克，葱丝、红椒丝各少许
调料：蒸鱼豉油10毫升，盐2克，料酒5毫升，食用油适量

···（做法）···

1 将洗净的鳕鱼放入碗中，加入盐、料酒拌匀，腌渍入味。

2 取出电蒸锅，将腌好的鳕鱼装盘，蒸12分钟至熟。

3 蒸制完毕，断电后，揭开锅盖，取出鳕鱼。

4 在蒸好的鳕鱼表面摆上葱丝、红椒丝，淋上蒸鱼豉油。

5 热锅注油，烧至六、七成热。

6 将热油淋在鳕鱼上即可。

tips

在腌渍鳕鱼时，将盐和料酒均匀地洒在鳕鱼身上，在蒸煮时才会更入味。

芝麻带鱼

● 难易度：★☆☆

● 烹饪时间：2分钟　● 功效：降压降糖

原料：带鱼140克，熟芝麻20克，姜片、葱花各少许

调料：盐、鸡粉、生粉、生抽、水淀粉、辣椒油、老抽、食用油各适量

●··（做法）·· ●

1 带鱼鳍切小块，放姜片，加盐、鸡粉、生抽、料酒、生粉，拌匀，入油锅，炸至金黄色。

2 锅底留油，倒入清水、辣椒油、盐、鸡粉、生抽、水淀粉、老抽、带鱼块、葱花，炒出葱香味。

3 盛出炒好的带鱼，放熟芝麻即可。

酱爆虾仁

● 难易度：★☆☆

● 烹饪时间：2分30秒　● 功效：保肝护肾

原料：虾仁200克，青椒20克，姜片、葱段各少许

调料：蚝油20克，海鲜酱25克，盐2克，白糖、胡椒粉各少许，料酒3毫升，水淀粉、食用油各适量

●··（做法）·· ●

1 洗净的青椒切片。

2 虾仁装碗中，加入盐、胡椒粉拌匀，腌渍约15分钟，待用。

3 用油起锅，放姜片、虾仁、青椒片、蚝油、白糖、葱段、水淀粉，炒匀，盛出炒好的菜肴，装盘中即可。

野山椒末蒸秋刀鱼

难易度：★☆☆

烹饪时间：10分钟

功效：降压降糖

原料：净秋刀鱼190克，泡小米椒45克，红椒圈15克，蒜末、葱花各少许

调料：鸡粉2克，生粉12克，食用油适量

tips

秋刀鱼用少许柠檬汁腌渍一下，可以减轻泡小米椒辛辣的味道。

 做法

1 在秋刀鱼的两面都切上花刀，待用。

2 泡小米椒剁成末，放入碗中，加入蒜末、鸡粉、生粉、食用油拌匀，制成味汁，待用。

3 取一个蒸盘，摆上秋刀鱼，放入味汁铺匀，撒上红椒圈，蒸锅上火烧开，放入装有秋刀鱼的蒸盘蒸熟。

4 取出蒸好的秋刀鱼，趁热撒上葱花，淋上少许热油即成。

蒜蓉粉丝蒸鲍鱼

● 难易度：★☆☆

● 烹饪时间：5分30秒　● 功效：清热解毒

原料：鲍鱼150克，水发粉丝50克，蒜末、葱花各少许

调料：盐2克，鸡粉少许，生粉8克，生抽3毫升，芝麻油、食用油各适量

● ●　做法　● ●

1 粉丝切小段；鲍在鲍鱼肉上切上网格花刀。

2 将蒜末放碗中，加盐、鸡粉、生抽、食用油、生粉、芝麻油，拌匀。

3 取蒸盘，摆上鲍鱼壳，鲍鱼肉塞入鲍鱼壳中，放粉丝、味汁，大火蒸3分钟至熟，撒上葱花，淋上热油即成。

蒸鱼片

● 难易度：★☆☆

● 烹饪时间：18分30秒　● 功效：健脾止泻

原料：福寿鱼肉280克，土豆、胡萝卜各65克，姜丝、葱花各少许

调料：盐、鸡粉、胡椒粉、生粉、生抽、水淀粉、食用油各适量

● ●　做法　● ●

1 土豆、胡萝卜切丁，福寿鱼肉切片，加盐、鸡粉、胡椒粉、生粉、姜丝、食用油，拌匀。

2 取蒸盘，放入鱼片，蒸熟。

3 油起锅，放胡萝卜丁、土豆丁、水、盐、鸡粉、生抽。水淀粉，拌匀，浇在鱼片上，撒上葱花即成。

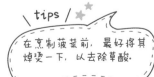

菠菜鱼丸汤

难易度：★☆☆

烹饪时间：4分钟

功效：降低血压

原料：菠菜180克，鱼丸200克，姜片、葱花各少许

调料：盐2克，鸡粉2克，料酒8毫升，食用油适量

••• 做法 •••

1 鱼丸对半切开，切上网格花刀；择洗干净的菠菜切去根部，再切成段。

2 用油起锅，放入姜片爆香。

3 倒入处理好的鱼丸翻炒匀，淋入料酒炒匀提鲜。

4 注入适量清水，煮至沸腾，盖上盖，煮2分钟。

5 揭盖，放入菠菜搅匀，煮至熟。

6 放入盐、鸡粉，盛出煮好的汤料装碗，撒上葱花即可。

tips

在烹制菠菜前，最好将其焯烫一下，以去除草酸。

芋头海带鱼丸汤

- 难易度：★☆☆
- 烹饪时间：27分钟　● 功效：开胃消食

原料：芋头120克，鱼肉丸160克，水发海带丝110克，姜片、葱花各少许

调料：盐、鸡粉各少许，料酒4毫升

· · 做法 · ·

1　芋头切丁；鱼丸切上十字花刀。

2　砂锅中注水烧开，倒入芋头、鱼丸、海带丝、料酒，撒上姜片，搅拌均匀，煮至食材熟透。

3　加入盐、鸡粉，拌匀调味，盛出煮好的鱼丸汤，装入碗中，最后点缀上葱花即成。

萝卜炖鱼块

- 难易度：★☆☆
- 烹饪时间：6分30秒　● 功效：增强免疫

原料：白萝卜100克，草鱼肉120克，鲜香菇35克，姜片、葱末、香菜末各少许

调料：盐、鸡粉各2克，胡椒粉少许，花椒油、食用油各适量

· · 做法 · ·

1　香菇切粗丝；白萝卜切薄片；草鱼肉切块。

2　煎锅中注油，放姜片、鱼块、香菇丝、萝卜片、开水、盐、鸡粉、胡椒粉，煮熟，放香菜末、葱末。

3　另起锅，倒入少许花椒油烧热，浇在汤碗中即成。

燕窝虫草猪肝汤

● 难易度：★★☆

● 烹饪时间：8分钟

● 功效：清热解毒

原料：猪肝300克，水发虫草花50克，上汤400毫升，姜片、葱段、燕窝各少许

调料：盐、鸡粉、胡椒粉各2克

tips

猪肝氽水时间不可过久，否则口感不佳。

 做法

1 洗好的猪肝用斜刀切片。

2 锅中注水烧开，倒入猪肝氽去血水，捞出沥干水分。

3 锅置于火上烧热，倒入上汤，放入氽过水的猪肝、虫草花、姜片、葱段拌匀，加入洗好的燕窝用小火煮约5分钟。

4 加入盐、鸡粉、胡椒粉拌匀调味，盛出煮好的菜肴即可。

葫芦瓜玉米排骨汤

● 难易度：★☆☆

● 烹饪时间：77分钟 ● 功效：降低血压

原料：排骨段200克，葫芦瓜200克，玉米棒200克，姜片少许

调料：盐、鸡粉各2克，料酒12毫升

● ● 做法 ● ●

1 玉米棒切小段；葫芦瓜切成小块。
2 锅中注水烧开，淋入料酒，放入洗净的排骨段，汆去血渍后捞出，沥干。
3 砂锅中加水、排骨段、姜片、料酒、玉米棒，煮至排骨熟软，放入葫芦瓜，续煮至全部食材熟透。
4 加盐、鸡粉，续煮至汤汁入味，盛出煮好的排骨汤，装入汤碗中即成。

牛奶花生核桃豆浆

● 难易度：★☆☆

● 烹饪时间：16分钟 ● 功效：益智健脑

原料：花生米15克，核桃仁8克，牛奶20毫升，水发黄豆50克

● ● 做法 ● ●

1 将黄豆倒入碗中，放入花生米、水，洗净，倒入滤网，沥干水分。
2 将花生米、黄豆、核桃仁、牛奶倒入豆浆机中，注水至水位线，盖上豆浆机机头，选择"五谷"程序，再选择"开始"键，开始打浆，待豆浆机运转约15分钟，即成豆浆。
3 把煮好的豆浆倒入滤网，滤取豆浆，将滤好的豆浆倒入碗中即可。

125

常熬夜的老公
这样吃

难易度：★☆☆

烹饪时间：6分30秒 ● 功效：增强免疫

洋葱虾泥

原料：虾仁85克，洋葱35克，蛋清30毫升

调料：盐、鸡粉各少许，沙茶酱15克，食用油适量

• • 做法 • •

1 洋葱切粒；用牙签挑去虾仁的虾线，再剁成泥。

2 虾肉泥装碗中，放入盐、鸡粉、蛋清，加入洋葱粒，拌匀。

3 取碗，抹上少许食用油，把虾胶团成球状，装入碗中。

4 把加工好的虾胶放入烧开的蒸锅中，用大火蒸5分钟至熟，把蒸好的虾胶取出。

5 把蒸熟的虾胶倒入另一个大碗中，搅碎，放入沙茶酱，拌匀。

6 把拌好的虾胶装入盘中即可。

tips

虾仁本身口感滑嫩，味道鲜美，所以盐和鸡粉应尽量少放。

干贝芥菜

● 难易度：★☆☆

● 烹饪时间：6分钟　● 功效：开胃消食

原料：芥菜700克，水发干贝15克，干辣椒5克

调料：盐、鸡粉各1克，食粉、食用油适量

● ● 〔做法〕 ● ●

1　干辣椒切成丝，待用。

2　锅中加水、食粉、芥菜，氽煮断生，泡过凉水的芥菜，去掉叶子，放在砧板上，对半切开。

3　油起锅，放入干辣椒，炸至辣味析出，加清水、干贝、芥菜、盐、鸡粉，拌匀，捞出煮好的芥菜，装在盘中，盛出汤汁淋在芥菜上即可。

猴头菇鲜虾烧豆腐

● 难易度：★☆☆

● 烹饪时间：3分钟　● 功效：降低血压

原料：水发猴头菇70克，豆腐200克，虾仁60克

调料：盐、蚝油、生抽、料酒、水淀粉、芝麻油、鸡粉、食用油各适量

● ● 〔做法〕 ● ●

1　豆腐切小方块；猴头菇切小块；虾仁去除虾线，加入料酒、盐、鸡粉、水淀粉、芝麻油，拌匀。

2　锅中加水、猴头菇、豆腐，煮1分钟。

3　油起锅，放虾仁、猴头菇、豆腐、料酒、生抽、清水、蚝油、盐、水淀粉，炒匀，盛出炒好的菜肴。

127

清蒸多宝鱼

难易度：★☆☆

烹饪时间：13分钟

功效：增强免疫

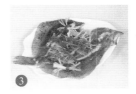

原料：多宝鱼400克，姜丝40克，红椒35克，葱丝25克，姜片30克，红椒片、葱段各少许

调料：盐3克，鸡粉少许，芝麻油4毫升，蒸鱼豉油10毫升，食用油适量

tips

在多宝鱼上切几处花刀，蒸熟的鱼肉味道会更鲜美。

 做法

1 红椒切成丝；多宝鱼装盘中，放入姜片、盐，拌匀。

2 蒸锅上火烧开，放入装有多宝鱼的盘子，用大火蒸至鱼肉熟透，取出蒸好的多宝鱼。

3 趁热撒上姜丝、葱丝，放上红椒丝，再撒上红椒片、葱段，浇上热油，待用。

4 用油起锅，注水，倒上蒸鱼豉油，加入鸡粉，淋入芝麻油拌匀，用中火煮片刻，制成味汁，浇在蒸好的鱼肉上即成。

清蒸草鱼段

● 难易度：★☆☆

● 烹饪时间：15分钟　● 功效：开胃消食

原料：草鱼肉370克，姜丝、葱丝、彩椒丝各少许

调料：蒸鱼豉油少许

● ● 做法 ● ●

1 洗净的草鱼肉由背部切一刀，放在蒸盘中，待用。

2 蒸锅上火烧开，放入蒸盘，用中火蒸约15分钟，至食材熟透，取出蒸盘，撒上姜丝、葱丝、彩椒丝，淋上蒸鱼豉油即可。

花生红米粥

● 难易度：★☆☆

● 烹饪时间：62分钟　● 功效：益气补血

原料：水发花生米100克，水发红米200克

调料：冰糖20克

● ● 做法 ● ●

1 砂锅中注水烧开，放入洗净的红米，轻轻搅拌一会儿，再倒入洗好的花生米，搅拌匀，煮沸后用小火煮至米粒熟透。

2 放入备好的冰糖，搅拌匀，转中火续煮至冰糖完全溶化，盛出煮好的红米粥，装入汤碗中，待稍微冷却后即可食用。

太子参桂圆猪心汤

难易度：★☆☆

烹饪时间：32分钟 ● 功效：益气补血

原料：猪心300克，桂圆肉35克，红枣25克，太子参12克，姜片少许
调料：盐3克，鸡粉少许，料酒6毫升

· · 做法 · ·

1 将洗净的猪心切片。

2 锅中注水烧热，倒入猪心片，煮约半分钟，去除血渍。

3 捞出汆煮好的猪心，沥干水分。

4 砂锅中加水、桂圆肉、太子参、红枣、姜片、猪心片、料酒，煮熟。

5 加入盐、鸡粉，拌匀调味，再转中火略煮片刻，至汤汁入味。

6 关火后盛出煮好的猪心汤，装入碗中即成。

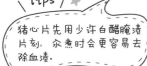

tips

猪心片先用少许白醋腌渍
片刻，汆煮时会更容易去
除血渍。

滋补明目汤

● 难易度：★☆☆

● 烹饪时间：4分钟　● 功效：增强免疫

原料：猪肝120克，苦瓜200克，姜片、葱花各少许

调料：盐4克，鸡粉3克，料酒、食用油各适量

● ● 做法 ● ●

1 苦瓜去籽、切片，装碗中，加盐，倒入清水，抓匀，将苦瓜洗净。
2 猪肝切成片，装碗中，加盐、鸡粉、料酒，腌渍10分钟至入味。
3 锅中加水、姜片、苦瓜、食用油、盐、鸡粉、猪肝，拌匀，煮熟，盛入碗中，撒上葱花即成。

黄芪当归猪肝汤

● 难易度：益气补血

● 烹饪时间：★☆☆　● 功效：123分钟

原料：猪肝200克，党参20克，黄芪15克，当归15克，姜片少许

调料：盐2克，料酒适量

● ● 做法 ● ●

1 洗净的猪肝切块。
2 锅中加水、猪肝、料酒，汆煮片刻，捞出汆煮好的猪肝，沥干。
3 砂锅中注入适量清水，倒入猪肝、姜片、以上中药材，拌匀，大火煮开煮至食材熟软，加入盐，搅拌至入味，盛出煮好的汤，装入碗中即可。

西瓜西红柿汁

● 难易度：★☆☆

● 烹饪时间：5分钟

● 功效：开胃消食

①

②

③

④

原料：西瓜果肉120克，西红柿70克

★ \ tips /

西瓜含有大量水分，因此不宜加太多水，以免造成稀释果汁。

●●● 做法 ●●●

1　将西瓜果肉切成小块；洗净的西红柿切开，切成小瓣。

2　取榨汁机，选择搅拌刀座组合，倒入切好的食材，注入少许纯净水，盖上盖。

3　选择"榨汁"功能，榨取蔬菜汁。

4　断电后倒出蔬菜汁，装入碗中即可。

鲜虾紫甘蓝沙拉

- 难易度：★☆☆
- 烹饪时间：2分30秒 ● 功效：降低血压

原料：虾仁70克，西红柿130克，彩椒50克，紫甘蓝60克，西芹70克

调料：沙拉酱15克，料酒5毫升，盐2克

● ● 做法 ● ●

1 西芹切段；西红柿切瓣；彩椒切小块；紫甘蓝切小块。

2 锅中加水、盐、西芹、彩椒、紫甘蓝，煮至断生；把虾仁倒入锅中，煮沸，淋入料酒，煮熟。

3 将煮好的西芹、彩椒和紫甘蓝倒入碗中，放入西红柿、虾仁，加入沙拉酱，搅拌匀，盛出，装入盘中即可。

酸奶草莓

- 难易度：★☆☆
- 烹饪时间：1分钟 ● 功效：降低血压

原料：草莓90克，酸奶100毫升

调料：蜂蜜适量

● ● 做法 ● ●

1 将洗净的草莓切去果蒂，再把果肉切开，改切成小块，备用。

2 取一个干净的碗，倒入草莓块，放入酸奶，搅拌匀，淋上适量蜂蜜，快速搅拌一会儿，至食材入味。

3 再取一个干净的盘子，盛入拌好的食材，摆好盘即成。

爱运动的老公
这样吃

酱牛肉

难易度：★★☆

烹饪时间：42分钟

功效：增强免疫

原料：牛肉300克，姜片15克，葱结20克，桂皮、丁香、八角、红曲米、甘草、陈皮各少许

调料：盐、鸡粉、白糖、生抽、老抽、五香粉、料酒、食用油适量

· · （做法）· ·

1 锅中加清水、牛肉、料酒，煮约10分钟，捞出。

2 油起锅，放姜片、葱结、桂皮、丁香、八角、陈皮、甘草。

3 加白糖、清水、红曲米，加盐、生抽、鸡粉、五香粉、老抽。

4 放牛肉，拌匀，煮约40分钟至熟，捞出牛肉，沥干汁水。

5 把放凉的牛肉切薄片，摆放在盘中。

6 浇上锅中的汤汁，摆好盘即可。

tips

※煮好的牛肉可用冷水浸泡，让牛肉更紧缩，口感会更佳。

134

小炒牛肉丝

● 难易度：★★☆

● 烹饪时间：2分钟　● 功效：增强免疫

原料：牛里脊肉、茭白、洋葱、青椒、红椒、姜片、蒜末、葱段各少许

调料：食粉、生抽、盐、鸡粉、料酒、水淀粉、豆瓣酱、食用油各适量

· · 做法 · ·

1 洋葱、红椒、青椒、茭白切丝。

2 牛肉切丝，放食粉、生抽、鸡粉、盐、水淀粉、食用油，腌渍入味。

3 锅中加水、茭白丝、盐，煮约1分钟，捞出；牛肉丝滑油变色，捞出；锅底留油，放姜片、葱段、蒜末、洋葱、青、红椒、茭白、牛肉丝、全部调料，炒熟即可。

虾皮蚝油蒸冬瓜

● 难易度：★☆☆

● 烹饪时间：6分钟　● 功效：补钙

原料：冬瓜250克，虾皮60克，姜片、蒜末、葱段各少许

调料：盐2克，鸡粉2克，蚝油8克，料酒、水淀粉、食用油各适量

· · 做法 · ·

1 将洗净去皮的冬瓜切小块。

2 油起锅，放姜片、蒜末、葱段、虾皮、料酒、冬瓜、蚝油、清水，拌匀，焖煮至食材熟透。

3 放入盐、鸡粉，炒匀调味，大火收汁，倒入适量水淀粉勾芡即成。

难易度：★★☆

烹饪时间：一分30秒

功效：降低血脂

蒜香大虾

原料：基围虾230克，红椒30克，蒜末、葱花各少许

调料：盐2克，鸡粉2克

★ tips

要掌握好火候，过热蒜会焦，就会有苦味。

 做法

1 用剪刀剪去基围虾头须和虾脚，将虾背切开；红椒切丝。

2 热锅注油，烧至六成热，放入基围虾，炸至深红色，捞出炸好的虾，装入盘中，待用。

3 锅底留油，放入蒜末，炒香，倒入炸好的基围虾，放入红椒丝，翻炒匀。

4 加入盐、鸡粉调味，放入葱花，翻炒匀，关火后盛出炒好的基围虾，装入盘中即可。

核桃枸杞炒虾仁

● 难易度：★★☆

● 烹饪时间：12分钟　● 功效：益智健脑

原料：虾仁80克，胡萝卜150克，黄瓜180克，核桃仁、枸杞、姜片、葱段少许

调料：盐3克，鸡粉3克，生粉2克，白糖2克，料酒、水淀粉、食用油各适量

· · 做法 · ·

1 虾仁去虾线；胡萝卜切条；黄瓜切丁。
2 虾仁装碗中，加盐、鸡粉、生粉、食用油，拌匀，核桃仁、虾仁滑油至变色。
3 另起锅，加水、盐、白糖、胡萝卜、黄瓜，焯熟；油起锅，放姜片、葱段、胡萝卜、黄瓜、虾仁、盐、鸡粉、料酒、水淀粉，炒熟，放枸杞、核桃仁即可。

豆瓣酱烧鲤鱼

● 难易度：★★☆

● 烹饪时间：12分钟　● 功效：清热解毒

原料：鲤鱼500克，青椒18克，红椒18克，葱末、姜末、蒜末各少许

调料：鸡粉2克，料酒10毫升，豆瓣酱10克，生粉、食用油各适量

· · 做法 · ·

1 青椒、红椒切粒；鲤鱼上切一字花刀，抹上生粉，炸至金黄色。
2 锅底留油，放姜末、蒜末、青椒、红椒、豆瓣酱、水、鲤鱼、料酒，炒熟。
3 加入鸡粉，拌匀调味，将煮好的鱼捞出，装盘，锅中倒入水淀粉，搅拌均匀，盛出，浇在鱼身上即可。

辣子鸡

难易度：★★☆

烹饪时间：2分钟 功效：增强免疫

原料：鸡块350克，青椒、红椒各80克，蒜苗100克，干辣椒、姜片、蒜片、葱段各少许

调料：生抽、盐、鸡粉、料酒、生粉、豆瓣酱、辣椒油、水淀粉

•• 做法 •••

1 洗净的蒜苗切段；洗好的青椒、红椒切成圈。

2 将鸡块装碗中，加生抽、盐、鸡粉、料酒、生粉、食用油腌渍。

3 热锅注油，烧至五成热，倒入鸡块炸至焦黄色，捞出沥干油。

4 锅留底油，倒入干辣椒、姜片、蒜片、葱段、蒜苗梗煸香。

5 倒入鸡块，淋入料酒，放入豆瓣酱，炒匀调味。

6 倒入青椒、红椒和蒜苗叶炒匀，加入辣椒油、生抽、盐、鸡粉、水淀粉翻炒均匀，盛出装盘即可。

\ tips /

腌渍鸡肉时已放了盐，后面炒制时少放些，不然会很咸.

木耳炒腰花

- 难易度：★★☆
- 烹饪时间：2分钟　● 功效：保肝护肾

原料：猪腰200克，木耳100克，红椒20克，姜片、蒜末、葱段各少许

调料：盐3克，鸡粉2克，料酒5毫升，生抽、蚝油、水淀粉、食用油各适量

·· 做法 ··

1 红椒、木耳切小块；猪腰切筋膜，切片，放盐、鸡粉、料酒、水淀粉，拌匀。

2 锅中加水、食用油、木耳，煮半分钟；将猪腰放水锅中，氽去血水。

3 油起锅，放姜片、蒜末、葱段、红椒、猪腰、料酒、木耳、生抽、蚝油、盐、鸡粉、水淀粉，炒匀即可。

牛膝生地黑豆粥

- 难易度：★☆☆
- 烹饪时间：47分钟　● 功效：保肝护肾

原料：水发大米110克，水发黑豆100克，生地、熟地各15克，牛膝12克

·· 做法 ··

1 熟地切片；生地切片。

2 砂锅中注水烧开，倒入洗净的牛膝，放入生地、熟地，煮沸后用小火煮约15分钟，至药材析出有效成分，捞出药材及其杂质，倒入洗净的黑豆，放入洗净的大米，搅拌匀，煮沸后用小火续煮至食材熟透。

3 用中火拌煮片刻，盛出煮好的黑豆粥，装入汤碗中即可。

鱼鳔豆腐汤

难易度：★☆☆

烹饪时间：17分钟 功效：益气补血

①

②

③

④

原料：鲢鱼头200克，鱼鳔100克，豆腐220克，姜片、葱段各少许

调料：盐、鸡粉、胡椒粉各2克，料酒少许，食用油适量

tips

此汤以清淡为宜，所以盐可以适量少加些。

做法

1 豆腐切小方块；鱼鳔刺穿，鲢鱼头剁成大块。

2 用油起锅，倒入鱼头煎至两面断生，放入姜片、葱段，淋入料酒炒香，注入开水，倒入鱼鳔，放入豆腐块，拌匀，煮至食材熟透。

3 加入适量盐、鸡粉、胡椒粉搅拌匀，煮至入味。

4 关火后盛出煮好的汤料即可。

无花果牛肉汤

● 难易度：★☆☆

● 烹饪时间：42分钟　● 功效：降压降糖

原料：无花果20克，牛肉100克，姜片、枸杞、葱花各少许

调料：盐2克，鸡粉2克

● ● ● 做法 ● ● ●

1 将洗净的牛肉切成丁。

2 汤锅中加清水、牛肉，捞去锅中的浮沫，加无花果、姜片，拌匀，煮熟。

3 放入盐、鸡粉，用勺搅匀调味，把煮好的汤料盛出，装入碗中，撒上葱花即可。

麦冬黑枣土鸡汤

● 难易度：★☆☆

● 烹饪时间：72分钟　● 功效：降低血脂

原料：鸡腿700克，麦冬5克，黑枣10克，枸杞适量

调料：盐1克，料酒10毫升，米酒5毫升

● ● ● 做法 ● ● ●

1 锅中注水烧开，倒入鸡腿，加入料酒，氽煮至去除血水和脏污，捞出。

2 另起砂锅，注水烧热，倒入麦冬、黑枣、氽好的鸡腿，加入料酒，拌匀，用大火煮开后转小火续煮1小时至食材熟透。

3 加入枸杞，放入盐、米酒，续煮10分钟至食材入味即可。

压力大的老公

这样吃

原料：基围虾450克，红酒200毫升，蒜末、姜片、葱段各少许

调料：盐2克，白糖少许，番茄酱、食用油各适量

红酒茄汁虾

● 难易度：★☆☆

● 烹饪时间：12分30秒 ● 功效：保肝护肾

●● 做法 ●●

1 洗净的基围虾剪去头尾及虾脚，待用。

2 用油起锅，倒入蒜末、姜片、葱段，爆香。

3 倒入处理好的基围虾，炒匀，加入适量番茄酱，炒匀炒香。

4 倒入红酒炒至虾身弯曲。

5 加入白糖、盐调味，烧开后用小火煮至食材入味，用中火翻炒一会，至汤汁收浓。

6 关火后盛出炒好的菜肴，装入盘中即成。

/ tips /

修理虾身时，可沿其背部切开，这样菜肴的外形更美观。

西红柿烧排骨

● 难易度：★☆☆

● 烹饪时间：20分钟　● 功效：补钙

原料：西红柿90克，排骨350克，蒜末、葱花各少许

调料：盐2克，白糖5克，番茄酱10克，生抽、料酒、水淀粉、食用油各适量

• • 做法 • •

1 西红柿切成小块。

2 锅中加水、排骨、料酒，余去血水。

3 油起锅，放蒜末、排骨、料酒、生抽、水、番茄酱、盐、白糖、西红柿、水淀粉，炒匀，盛出装盘，撒上葱花即可。

家常蒸带鱼

● 难易度：★☆☆

● 烹饪时间：12分30秒　● 功效：益气补血

原料：带鱼肉350克，姜片、葱段、姜丝、葱丝、彩椒丝各少许

调料：盐2克，料酒7毫升

• • 做法 • •

1 洗好的带鱼切块，装入碗中，放入葱段，加入适量盐、料酒，拌匀，腌渍约10分钟至入味。

2 将腌的带鱼摆入蒸盘中，用大火蒸15分钟至熟。

3 取出蒸盘，拣出姜片、葱段，点缀上姜丝、葱丝和彩椒丝即可。

焖刀鱼

● 难易度：★☆☆

● 烹饪时间：5分钟

● 功效：降低血压

原料：刀鱼350克，蒜瓣、葱段各少许

调料：盐2克，生抽、料酒各少许，花椒油、食用油各适量

\ tips /

刀鱼入锅煎之前粘些生粉，焖出来的鱼外皮更加松软。

做法

1 洗净的刀鱼切上花刀，加入生抽、料酒抹匀，腌渍入味。

2 煎锅置于火上，倒入食用油烧热，放入刀鱼煎至两面断生。

3 倒入蒜瓣、葱段炒香，注水，加盐、料酒、生抽，拌匀调味，用中火煮至其入味。

4 加入少许花椒油拌匀调味，煮至入味，关火后盛出菜肴，装盘即可。

白菜拌虾干

● 难易度：★☆☆

● 烹饪时间：1分30秒 ● 功效：增强免疫力

原料：白菜梗140克，虾米65克，蒜末、葱花各少许

调料：盐、鸡粉各2克，生抽4毫升，陈醋5毫升，芝麻油、食用油各适量

● ● 做法 ● ●

1 将洗净的白菜梗切细丝。

2 热锅注油，烧至四五成热，放入虾米，炸至食材熟透，捞出，沥干油。

3 取碗，放白菜梗、盐、鸡粉、生抽、食用油、芝麻油、陈醋、蒜末、葱花、虾米，拌匀，取盘子，盛入拌好的菜肴，摆好盘即可。

糖醋辣白菜

● 难易度：★☆☆

● 烹饪时间：1分30秒 ● 功效：增强免疫

原料：白菜150克，红椒30克，花椒、姜丝各少许

调料：盐3克，陈醋15毫升，白糖2克，食用油适量

● ● 做法 ● ●

1 白菜切去根部和多余的菜叶，将菜梗切成粗丝；红椒切细丝。

2 取大碗，放入菜梗、菜叶，盐，拌匀。

3 油锅爆香花椒后捞出，放姜丝、红椒丝，炒片刻；锅底留油，加入陈醋、白糖、汁水；取白菜，加汁水、红椒丝、姜丝，拌至食材入味即可。

145

洋葱炒鱿鱼

难易度：★☆☆

烹饪时间：2分钟

功效：降压降糖

原料：洋葱100克，鱿鱼80克，红椒15克，姜片、蒜末各少许

调料：盐3克，鸡粉3克，料酒5毫升，水淀粉、食用油各适量

•• 做法 ••

1 洋葱切成片；红椒切小块。

2 鱿鱼切小块，加盐、鸡粉、料酒、水淀粉腌渍入味。

3 锅中注水烧开，倒入鱿鱼汆至鱿鱼片卷起，捞出待用。

4 油起锅，放入姜片、蒜末、鱿鱼卷、料酒，

5 放入洋葱、红椒，翻炒匀，加入适量盐、鸡粉，炒匀调味。

6 倒入水淀粉，拌炒匀，将炒好的材料盛出，装入盘中即可。

tips

切洋葱前把刀放入冷水中浸泡片刻，这样就不会刺激眼睛了。

枣仁蜂蜜小米粥

● 难易度：★☆☆
● 烹饪时间：67分钟　● 功效：安神助眠

原料：水发小米230克，红枣、酸枣仁各少许
调料：蜂蜜适量

● ● 做法 ● ●

1 砂锅中注入清水，倒入酸枣仁，用中小火煮约20分钟至其析出有效成分，捞出酸枣仁，倒入洗好的小米，放入洗净的红枣，搅拌均匀，烧开后用小火煮约45分钟至食材熟透。
2 加入蜂蜜，用勺搅拌均匀，盛出煮好的小米粥，装入碗中即可。

花生银耳牛奶

● 难易度：★☆☆
● 烹饪时间：21分钟　● 功效：降低血压

原料：花生80克，水发银耳150克，牛奶100毫升

● ● 做法 ● ●

1 洗好的银耳切小块，备用。
2 砂锅中注入适量清水烧开，放入洗净的花生米，加入切好的银耳，搅拌匀，烧开后用小火煮20分钟，倒入备好的牛奶，用勺拌匀，煮至沸。
3 关火后将煮好的花生银耳牛奶盛出，装入碗中即可。

南瓜烧排骨

● 难易度：★☆☆
● 烹饪时间：10分钟
● 功效：清热解毒

原料：去皮南瓜300克，排骨块500克，葱段、姜片、蒜末各少许

调料：盐、白糖各2克，鸡粉3克，料酒、生抽各5毫升，水淀粉、食用油各适量

tips

加入适量高汤可增加成品的香味.

·· 做法 ··

1 洗净的南瓜切厚片，改切成块。

2 锅中注水烧开，倒入排骨块，汆煮片刻，捞出沥干备用。

3 用油起锅爆香姜片、蒜末、葱段，加入排骨块、料酒、生抽，炒匀，注入适量清水，加入盐、白糖，拌匀。

4 加盖，大火煮开转小火煮20分钟至熟，倒入南瓜块，拌匀，继续煮10分钟至南瓜块熟，加入鸡粉、水淀粉，翻炒入味，装入盘中即可。

莲子心冬瓜汤

● 难易度：★☆☆
● 烹饪时间：21分钟 ● 功效：降低血压

原料：冬瓜300克，莲子心6克
调料：盐2克，食用油少许

● · · 做法 · · ●

1 洗净的冬瓜去皮，切成小块，备用。
2 砂锅中注入适量清水烧开，倒入冬瓜，放入莲子心，烧开后用小火煮20分钟，至食材熟透，放入适量盐，拌匀调味，加入少许食用油，拌匀。
3 将煮好的汤料盛出，装入碗中即可。

苹果樱桃汁

● 难易度：★☆☆
● 烹饪时间：3分钟 ● 功效：健脾止泻

原料：苹果130克，樱桃75克

● · · 做法 · · ●

1 洗净去皮的苹果切开，去核，把果肉切小块；洗好的樱桃去蒂，切开，去核，备用。
2 取榨汁机，选择搅拌刀座组合，倒入备好的苹果、樱桃，注入少许矿泉水，盖好盖子。
选择"榨汁"功能，榨取果汁。
3 断电后揭开盖，倒出果汁，装入杯中即可。

149

常有应酬的老公这样吃

鸡丝凉瓜

烹饪时间：一分30秒 ● 功效：清热解毒

难易度：★☆☆

原料：鸡胸肉100克，苦瓜110克，姜末少许

调料：盐2克，鸡粉2克，白糖2克，水淀粉4毫升，料酒2毫升，食用油适量

•• 做法 ••

1 将洗净的苦瓜切段，对半切开，去除瓜瓤，改切成条。

2 鸡胸肉切丝，放盐、鸡粉、水淀粉、食用油腌渍10分钟。

3 锅中注水烧开，放盐、苦瓜煮2分钟，捞出，装入盘中待用。

4 用油起锅，下入姜末爆香，放入鸡肉丝，淋入料酒翻炒至转色，倒入焯煮好的苦瓜，快速拌炒均匀。

5 加入盐、白糖，炒匀调味，倒入水淀粉拌炒至锅中食材入味。

6 将炒好的鸡丝和苦瓜盛出，装盘即可。

\ tips /

将苦瓜切开去籽后，还要把附在其内壁上的白瓤刮除干净，可减少苦味。

鸡蛋炒百合

● 难易度：★☆☆

● 烹饪时间：1分钟　● 功效：养心润肺

原料：鲜百合140克，胡萝卜25克，鸡蛋2个，葱花少许

调料：盐、鸡粉各2克，白糖3克，食用油适量

做法

1 洗净去皮的胡萝卜切成片。

2 鸡蛋打入碗中，加盐、鸡粉，拌匀，制成蛋液。

3 锅中注水烧开，放胡萝卜、百合、白糖，煮至断生；油起锅，放蛋液、材料、葱花，炒出葱香味，盛出炒好的菜肴即可。

秋葵炒肉片

● 难易度：★☆☆

● 烹饪时间：2分钟　● 功效：益智健脑

原料：秋葵180克，猪瘦肉150克，红椒30克，姜片、蒜末、葱段各少许

调料：盐2克，鸡粉3克，水淀粉3毫升，生抽3毫升，食用油适量

做法

1 红椒切成小块；秋葵切成段。

2 猪瘦肉切片，放盐、鸡粉、水淀粉、食用油，腌渍入味。

3 锅中加水、食用油、秋葵，焯煮断生；油起锅，放姜片、蒜末、葱段、肉片、秋葵、红椒、生抽、盐、鸡粉，炒熟，盛出即可。

凉拌嫩芹菜

● 难易度：★☆☆

● 烹饪时间：2分30秒

● 功效：补铁

原料：芹菜80克，胡萝卜30克，蒜末、葱花各少许

调料：盐3克，鸡粉少许，芝麻油5毫升，食用油适量

tips

胡萝卜肉质较硬，可以先煮一会胡萝卜，再下入芹菜，这样可使食材的口感一致。

•• 做法 ••

1 把洗好的芹菜切成小段；去皮洗净的胡萝卜切细丝。

2 锅中注水烧开，放入食用油、盐，再下入胡萝卜片、芹菜段续煮至全部食材断生，捞出沥干水分。

3 将沥干水的食材放入碗中，加盐、鸡粉、蒜末、葱花、芝麻油搅拌至食材入味。

4 将拌好的食材装在碗中即可。

胡萝卜芹菜沙拉

● 难易度：★☆☆

● 烹饪时间：1分钟 ● 功效：增强免疫

原料：胡萝卜80克，西芹70克，柠檬20克

调料：白醋5毫升，胡椒粉2克，蜂蜜5克，橄榄油10毫升

· · 做法 · ·

1 胡萝卜切丝，西芹切段。

2 锅中加水、胡萝卜丝，焯煮片刻，再倒入芹菜丝，搅匀，煮至断生，捞出，放入凉水中冷却后捞出待用。

3 取一个碗，将食材装入，挤上柠檬汁，加入白醋、胡椒粉、蜂蜜、橄榄油，搅匀，将拌好的食材装入盘中即可食用。

绿豆芽拌猪肝

● 难易度：★☆☆

● 烹饪时间：1分30秒 ● 功效：保肝护肾

原料：卤猪肝220克，绿豆芽200克，蒜末、葱段各少许

调料：盐、鸡粉各2克，生抽5毫升，陈醋7毫升，花椒油、食用油各适量

· · 做法 · ·

1 将卤猪肝切片。

2 锅中注水烧开；加绿豆芽，煮至断生。

3 用油起锅，加蒜末、葱段、部分猪肝片、绿豆芽、盐、鸡粉、生抽、陈醋、花椒油，拌匀，取盘子，放入余下的猪肝片，摆放好，再盛入锅中的食材，摆好盘即可。

小炒肝尖

难易度：★☆☆

烹饪时间：一分30秒 ● 功效：益气补血

原料：猪肝220克，蒜薹120克，红椒20克

调料：盐3克，鸡粉2克，豆瓣酱7克，料酒8毫升，生粉、油各适量

•••（做法）•••

1 将洗净的蒜薹切长段；洗好的红椒切小块。

2 猪肝切薄片，加盐、鸡粉、料酒、生粉，腌渍约入味。

3 锅中加水、食用油、盐、蒜薹、红椒，煮至断生。

4 油起锅，放入猪肝片炒至变色，加料酒、豆瓣酱，炒匀。

5 倒入食材炒至食材熟透，加入盐、鸡粉翻炒至食材入味。

6 关火后盛出炒好的菜肴，装入盘中即成。

tips

鲜猪肝可先在清水里浸泡约30分钟，这样有利于分解猪肝中的毒素。

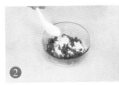

紫甘蓝拌茭白

● 难易度：★☆☆

● 烹饪时间：2分30秒　● 功效：降低血压

原料：紫甘蓝150克，茭白200克，圆椒50克，蒜末少许

调料：盐2克，鸡粉2克，陈醋4毫升，芝麻油3毫升，食用油适量

● ● ● 做法 ● ● ●

1　茭白、彩椒、紫甘蓝切丝。

2　锅中注水烧开，加食用油、茭白、紫甘蓝、彩椒，煮至断生，捞出。

3　将焯过水的食材装入碗中，放入蒜末，加入生抽、盐、鸡粉、陈醋、芝麻油，搅拌均匀，将拌好的食材盛出，装入盘中即可。

西红柿炒山药

● 难易度：★☆☆

● 烹饪时间：4分钟　● 功效：美容养颜

原料：去皮山药200克，西红柿150克，大葱10克，大蒜5克，葱段5克

调料：盐、白糖各2克，鸡粉3克，水淀粉适量

● ● ● 做法 ● ● ●

1　山药切块状；西红柿切成小瓣；大蒜切片；大葱切段。

2　锅中加水、盐、食用油、山药，焯煮断生，捞出。

3　油起锅，放大蒜、大葱、西红柿、山药、盐、白糖、鸡粉、水淀粉、葱段，炒熟，将焯好的菜肴盛出。

155

雪莲果百合银耳糖水

- 难易度：★☆☆
- 烹饪时间：22分钟
- 功效：降低血压

原料：水发银耳100克，雪莲果90克，百合20克，枸杞10克

调料：冰糖40克

tips
银耳最好事先焯煮一会儿，煮好的糖水味道才更好。

做法

1 将洗净的银耳切小块；洗净去皮的雪莲果切小块，备用。

2 砂锅中注水烧开，倒入银耳、雪莲果，放入洗净的百合、枸杞，煮至食材熟软。

3 倒入备好的冰糖拌匀，煮至糖分完全溶化。

4 关火后盛出煮好的银耳糖水，装入碗中即成。

陈皮绿豆汤

● 难易度：★☆☆
● 烹饪时间：58分钟　● 功效：清热解毒

原料：水发绿豆200克，水发陈皮丝8克
调料：冰糖适量

· · 做法 · ·

1 砂锅中注入适量清水，用大火烧开，倒入备好的绿豆，搅拌匀，煮开后转小火煮40分钟至其熟软。
2 倒入泡软的陈皮，搅匀，续煮15分钟，倒入冰糖，搅匀，煮至溶化。
3 关火后将煮好的绿豆汤盛出，装入碗中即可。

人参橘皮汤

● 难易度：★☆☆
● 烹饪时间：16分钟　● 功效：增强免疫

原料：橘子皮15克，人参片少许
调料：白糖适量

· · 做法 · ·

1 洗净的橘皮切成细丝，待用。
2 砂锅中注入适量清水，用大火烧热，倒入人参片、橘子皮，搅拌均匀，烧开后转小火煮15分钟至药材析出有效成分。
3 加入少许白糖，搅拌煮至白糖溶化，将煮好的药汤盛入碗中即可。

肠胃不好的
老公这样吃

彩椒山药炒玉米

- 难易度：★☆☆
- 烹饪时间：1分30秒
- 功效：降低血压

原料：鲜玉米粒60克，彩椒25克，圆椒20克，山药120克

调料：盐2克，白糖2克，鸡粉2克，水淀粉10毫升，食用油适量

做法

1. 洗净的彩椒切成块；洗好的圆椒切成块。
2. 洗净去皮的山药切成丁，备用。
3. 锅中注水烧开，倒入玉米粒略煮片刻。
4. 放入山药、彩椒、圆椒，加入食用油、盐拌煮至断生，捞出。
5. 用油起锅，倒入焯过水的食材炒匀。
6. 加盐、白糖、鸡粉、水淀粉，炒匀，盛出炒好的菜肴即可。

\ tips /

若没有新鲜玉米，可选用罐装的甜玉米粒，口感也很好。

山楂玉米粒

● 难易度：★☆☆

● 烹饪时间：1分钟　● 功效：健脾止泻

原料：鲜玉米粒100克，水发山楂20克，姜片、葱段各少许

调料：盐3克，鸡粉2克，水淀粉、食用油各适量

· · ·（做法）· · ·

1 锅中加水烧开，加适量盐、玉米粒、山楂，焯煮片刻，捞出沥干。

2 另起锅，注入食用油，烧热后下入姜片、葱段，炒香，倒入玉米和山楂，拌炒匀，加入盐、鸡粉、水淀粉，拌炒至锅中食材入味，盛出炒好的菜肴即成。

山药酱焖鸭

● 难易度：★☆☆

● 烹饪时间：48分钟　● 功效：保肝护肾

原料：鸭肉块400克，山药250克，黄豆酱20克，姜片、葱段、桂皮、八角各少许，绍兴黄酒70毫升

调料：盐、鸡粉各2克，白糖少许，水淀粉、食用油各适量

· · ·（做法）· · ·

1 将去皮洗净的山药切滚刀块。

2 锅中加水、鸭肉块，汆去血渍。

3 油起锅，加八角、桂皮、姜片、鸭肉块、黄豆酱、生抽、绍兴黄酒、水、盐、山药、鸡粉、白糖、葱段，炒出葱香味，用水淀粉勾芡即可。

咖喱鸡丁炒南瓜

原料：南瓜300克，鸡胸肉100克，姜片、蒜末、葱段各少许

调料：咖喱粉、盐、鸡粉、料酒、水淀粉、食用油各适量

★ \ tips /

咖喱粉很呛鼻，可事先用少许清水调匀后再使用。

 做法

1 南瓜切丁；鸡胸肉切丁，加鸡粉、盐、水淀粉、食用油腌渍入味；南瓜丁油炸断生后捞出。

2 油起锅，放姜片、蒜末、鸡肉丁、料酒，炒至变色。

3 加清水、南瓜丁、咖喱粉、鸡粉、盐、水淀粉，炒熟。

4 撒入葱段，炒至断生，盛出炒好的食材，放在盘中即成。切成丝

紫甘蓝千张丝

● 难易度：★☆☆
● 烹饪时间：1分30秒　● 功效：降低血糖

原料：紫甘蓝200克，千张180克，蒜末、葱花各少许

调料：盐3克，鸡粉3克，生抽4毫升，陈醋3毫升，芝麻油2毫升

● ●（做法）● ●

1　千张切成丝；紫甘蓝切成丝。
2　锅中加水、盐、紫甘蓝、千张丝，煮半分钟，捞出。
3　撒上蒜末、葱花，加入盐、鸡粉、生抽、陈醋，倒入芝麻油，搅拌片刻，盛出拌好的食材，装盘中即可。

黑豆玉米窝头

● 难易度：★☆☆
● 烹饪时间：31分钟　● 功效：降低血压

原料：黑豆末200克，面粉400克，玉米粉200克，酵母6克

调料：盐2克

● ●（做法）● ●

1　碗中加玉米粉、面粉、黑豆末、酵母、盐、温水，揉成面团，静置10分钟醒面。
2　将面团搓成长条，切小剂子，取蒸盘，刷上食用油，制成窝头生坯。
3　把窝头生坯放蒸盘中，发酵15分钟，打开火，用大火蒸至窝头熟透，取出，装入盘中即可。

原料：水发小米230克，山药110克
调料：白糖15克

小米山药甜粥

难易度：★☆☆

烹饪时间：70分钟

功效：健脾止泻

•• 做法 ••

1 将洗净去皮的山药切成条，再切成丁，备用。

2 砂锅中注入适量清水烧开，倒入洗净的小米，拌匀。

3 盖上锅盖，煮开后转小火煮40分钟至小米熟软。

4 揭开锅盖，倒入切好的山药，拌匀。

5 盖上盖子，煮开后用小火煮20分钟至全部食材熟透。

6 揭开锅盖，加入适量白糖，盛出煮好的粥即可。

\ tips /
切山药时，在刀上抹少许白醋，这样不易粘刀。

玉米山药糊

● 难易度：★☆☆
● 烹饪时间：4分30秒　● 功效：益气补血

原料：山药90克，玉米粉100克

● ● ● 做法 ● ● ●

1 将去皮洗净的山药切条，再切小块。
2 取一小碗，放入玉米粉，倒入适量清水，搅拌至米粉完全融化，制成玉米糊，待用。
3 砂锅中注水烧开，放入山药丁，搅拌匀，倒入调好的玉米糊，边倒边搅拌，用中火煮至食材熟透即成。

海米甘蓝豆浆

● 难易度：★☆☆
● 烹饪时间：17分钟　● 功效：开胃消食

原料：紫甘蓝35克，水发黑豆45克，虾米8克

● ● ● 做法 ● ● ●

1 洗好的紫甘蓝切小块，备用。
2 把紫甘蓝倒入豆浆机中，放入洗好的黑豆，放入虾米，注水至水位线。
3 盖上豆浆机机头，选择"五谷"程序，再选择"开始"键，开始打浆，待豆浆机运转约15分钟，即成豆浆。
4 把煮好的豆浆倒入滤网，滤取豆浆，倒入杯中，用汤匙撇去浮沫即可。

163

黄花菜猪肚汤

难易度：★☆☆

烹饪时间：36分钟

功效：增强记忆力

原料：熟猪肚140克，水发黄花菜200克，姜末、葱花各少许

调料：盐3克，鸡粉3克，料酒8毫升

tips

干黄花菜宜用温水泡发，这样可以加快泡发的速度，从而节省时间。

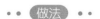做法

1 熟猪肚切成条；泡发好的黄花菜去蒂，备用。

2 砂锅中注入适量清水，放入切好的猪肚，加入姜末，淋入适量料酒，用小火煮20分钟。

3 倒入处理好的黄花菜，用勺搅匀，续煮15分钟，至全部食材熟透。

4 加入盐、鸡粉搅匀调味，盛出煮好的汤料，装入碗中，撒上葱花即可。

山楂麦芽消食汤

● 难易度：★☆☆
● 烹饪时间：182分钟　● 功效：开胃消食

原料：瘦肉150克，麦芽15克，蜜枣10克，陈皮1片，山楂15克，淮山1片，姜片少许

调料：盐2克

• • 做法 • •

1　洗净的瘦肉切块。

2　锅中加水、瘦肉，汆煮片刻，汆煮好的瘦肉，沥干水分。

3　砂锅中加水、瘦肉、姜片、陈皮、蜜枣、麦芽、淮山、山楂、盐，搅拌片刻至入味，盛出煮好的汤，装入碗中即可。

山药胡萝卜鸡翅汤

● 难易度：★☆☆
● 烹饪时间：32分钟　● 功效：降压降糖

原料：山药180克，鸡中翅150克，胡萝卜100克，姜片、葱花各少许

调料：盐2克，鸡粉2克，胡椒粉少许，料酒适量

• • 做法 • •

1　山药切丁；胡萝卜切小块；鸡中翅斩成小块。

2　锅中加水、鸡中翅、料酒，撇去浮沫，捞出。

3　砂锅中加水、鸡中翅、胡萝卜、山药、姜片、料酒、盐、鸡粉、胡椒粉，拌匀，煮好的汤盛出，放葱花。

睡眠不佳的老公这样吃

牛奶鸡蛋小米粥

难易度：★☆☆

烹饪时间：57分钟

功效：增强免疫

原料：水发小米180克，鸡蛋1个，牛奶160毫升

调料：白糖适量

· · · 做法 · · ·

1 把鸡蛋打入碗中，搅散调匀，制成蛋液，待用。

2 砂锅中注入适量清水烧热，倒入洗净的小米。

3 盖上盖，大火烧开后转小火煮约55分钟，至米粒变软。

4 揭盖，倒入备好的牛奶，搅拌匀，大火煮沸。

5 加入少许白糖，拌匀，再倒入备好的蛋液。

6 搅拌匀，转中火煮一会儿，至液面呈现蛋花，盛出煮好的小米粥，装在小碗中即可。

\ tips /

倒入蛋液时可选择关火，然后再拌匀，这样粥的口感更嫩滑。

莲子奶糊

- 难易度：★☆☆
- 烹饪时间：25分钟 ● 功效：美容养颜

原料：水发莲子10克，牛奶400毫升
调料：白糖3克

·· 做法 ··

1 取豆浆机，倒入莲子、牛奶，加入白糖，盖上机头，按"选择"键，选择"米糊"选项，再按"启动"键开始运转，待豆浆机运转约20分钟，即成米糊。

2 将豆浆机断电，取下机头，将煮好的米糊倒入碗中，待凉后即可食用。

红豆小米豆浆

- 难易度：★☆☆
- 烹饪时间：20分钟 ● 功效：美容养颜

原料：水发红豆120克，水发小米100克

·· 做法 ··

1 红豆、浸泡3小时的小米放碗中，注水洗净，倒入滤网中，沥干水分。

2 红豆、小米倒入豆浆机中，注水至水位线，选择"五谷"程序，待豆浆机运转约20分钟，即成豆浆。

3 把打好的豆浆倒入滤网中，滤取豆浆，将过滤后的豆浆倒入杯中，待稍凉后即可饮用。

核桃豆浆

● 难易度：★☆☆

● 烹饪时间：2分30秒

● 功效：降低血压

1

2

3

4

原料：水发黄豆120克，核桃仁40克

调料：白糖15克

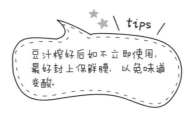
tips

豆汁榨好后如不立即使用，最好封上保鲜膜，以免味道变酸。

做法

1 取榨汁机，倒入黄豆，注水，拌至黄豆成细末状，滤取豆汁装碗。

2 取榨汁机，放入核桃仁、豆汁、核桃仁，即成生豆浆。

3 砂锅置火上，倒入拌好的生豆浆，用大火煮至汁水沸腾，掠去浮沫。

4 加入白糖，用中火续煮至糖分溶化，盛出煮好的核桃豆浆，装入碗中即成。

百合莲子银耳豆浆

● 难易度：★☆☆

● 烹饪时间：17分钟　● 功效：增强免疫力

原料：水发绿豆50克，水发银耳30克，水发莲子20克，百合6克

调料：白糖适量

· · 做法 · ·

1　绿豆洗净，倒入滤网，沥干水分；银耳掐去根部，撕成小块。

2　把莲子、绿豆、银耳、百合倒入豆浆机中，注水至水位线，选择"五谷"程序，待豆浆机运转约15分钟，即成豆浆。

3　把煮好的豆浆倒入滤网，滤取豆浆，放入白糖，拌匀。

桑葚莲子银耳汤

● 难易度：★☆☆

● 烹饪时间：40分钟　● 功效：降低血压

原料：桑葚干5克，水发莲子70克，水发银耳120克，冰糖30克

· · 做法 · ·

1　洗好的银耳切小块。

2　砂锅中注水烧开，倒入桑葚干，用小火煮15分钟，至其析出营养物质，捞出桑葚，倒入洗净的莲子，加入切好的银耳，用小火再煮20分钟，至食材熟透。

3　倒入冰糖，搅拌匀，用小火煮至冰糖溶化，将煮好的汤料盛出，装入碗中即可。

169

原料：红薯80克，水发莲子70克，水发大米160克

红薯莲子粥

● 难易度：★★☆

● 烹饪时间：47分钟 ● 功效：助睡安眠

· · 做法 · ·

1 将泡好的莲子去除莲子心；洗好去皮的红薯切丁。

2 砂锅中注入清水烧开，放入去心的莲子。

3 倒入泡好的大米，搅匀。

4 盖上盖，烧开后用小火煮约30分钟，至食材熟软。

5 揭盖，放入红薯丁，搅拌匀。

6 煮15分钟，至食材熟烂，将锅中食材拌匀，将煮好的粥盛出，装入碗中即成。

\ tips / ★

莲子不易煮烂，可以先将莲子切成小块，再入锅煮制。

170

灵芝炖猪心

● 难易度：★☆☆
● 烹饪时间：43分钟 ● 功效：防癌抗癌

原料：猪心300克，灵芝5克，姜片少许
调料：盐3克，鸡粉2克，料酒少许

· · 做法 · ·

1 将洗净的猪心切开，再切成薄片。
2 砂锅中注水烧开，倒入姜片、灵芝，放入猪心，淋入料酒，拌匀调味，烧开后用小火炖煮至食材熟透。
3 加盐、鸡粉，搅拌匀，煮至入味，盛出煮好的汤料即可。

苹果银耳莲子汤

● 难易度：★☆☆
● 烹饪时间：122分钟 ● 功效：益气补血

原料：水发银耳180克，苹果140克，水发莲子80克，瘦肉75克，干百合15克，陈皮、姜片各少许，水发干贝25克
调料：盐2克

· · 做法 · ·

1 苹果切小瓣，去除果核；莲子去除莲心；瘦肉切块。
2 锅中加水、肉块，氽煮一会儿，去除血渍，捞出。
3 砂锅中加水、肉块、苹果、莲子、银耳、干贝、干百合、姜片、陈皮、盐，拌匀，盛出煮好的银耳汤。

百合香蕉饮

- 难易度：★☆☆
- 烹饪时间：17分钟
- 功效：增强免疫

原料：鲜百合85克，香蕉100克

调料：冰糖适量

★ ★ \ tips /

做好的百合香蕉饮入冰箱冷藏后再饮用口感更佳.

••• 做法 •••

1 将香蕉剥去果皮，果肉切段，再切条，改切成小块。

2 砂锅中注水烧开，倒入洗净的百合、香蕉搅拌均匀，烧开后用小火煮约15分钟至熟。

3 放入冰糖搅拌匀，煮至溶化。

4 关火后盛出煮好的甜汤，装入碗中即可。

Part 4

奇妙的法术,

爱心菜肴功效佳

　　记忆力下降、身体虚弱、抵抗力降低、视物模糊等亚健康疾病正逐渐困扰着大家。随着年龄的增长和长期身心压力的折磨,越来越多的人由早期的小毛病逐渐演变成大疾病,而尤以男性朋友居多。所以,在大家发现小毛病的时候必须马上进行调理,将其扼杀在摇篮中。本章将介绍适合各种亚健康的美味佳肴供大家日常烹饪选用。

增强记忆
调理餐

烹饪时间：13分钟 ● 烹饪方法：炒

难易度：★★☆

肉桂五香鲫鱼

原料： 净鲫鱼400克，桂圆肉10克，葱段、姜片、八角、肉桂各少许
调料： 盐3克，鸡粉2克，生抽4毫升，料酒7毫升，食用油适量

•••做法•••

1 在处理干净的鲫鱼两面切上花刀，放盐、料酒，抹匀腌渍。

2 用油起锅，放入腌好的鲫鱼，用小火煎至两面断生。

3 撒上备好的姜片、八角、葱段、肉桂，炒出香味。

4 注入适量开水，倒入洗净的桂圆肉，用中小火煮约10分钟，至食材熟透。

5 揭盖，加入少许盐、鸡粉，淋入适量料酒、生抽。

6 再拣出八角、桂皮、葱段，盛入盘中即可。

tips

腌渍鲫鱼时可以撒上少许胡椒粉，这样可以减少鲫鱼的腥味。

红烧武昌鱼

● 难易度：★★☆
● 烹饪时间：14分钟 ● 烹饪方法：炒

原料：武昌鱼600克，姜片、葱段各少许
调料：盐2克，料酒5毫升，老抽2毫升，生抽4毫升，食用油适量

• • 做法 • •

1 武昌鱼两面切上花刀。
2 用油起锅，放入武昌鱼、姜片、葱段、水，加盐、料酒、老抽、生抽，煎至断生，搅匀，焖10分钟。
3 盛出焖煮好的菜肴，摆盘中即可。

枸杞叶福寿鱼

● 难易度：★★☆
● 烹饪时间：39分钟 ● 烹饪方法：煮

原料：福寿鱼500克，枸杞叶30克，姜丝、葱花各少许
调料：盐3克，鸡粉2克，料酒4毫升，食用油适量

• • 做法 • •

1 用油起锅，放入处理干净的福寿鱼，凉面煎至焦黄色。
2 淋入少许料酒，倒入适量开水，放入姜丝、盐、鸡粉，盖上盖，用小火焖5分钟至鱼肉熟透。
3 揭盖，放入洗净的枸杞叶，拌匀煮沸，装入碗中，撒上葱花即可。

五香鲅鱼

● 难易度：★★☆

● 烹饪时间：2分钟 ● 烹饪方法：炒

原料：鲅鱼块500克，面包糠15克，蛋黄20克，五香粉5克，香葱、姜片各少许

调料：盐、生抽、鸡粉、料酒、食用油各适量

★ ★ \ tips /

炸好的鱼块可用吸油纸吸去多余的油分，以免太油腻。

● ● 做法 ● ●

1 取一个碗，倒入鲅鱼快，加入五香粉、姜片、香葱、盐、生抽、鸡粉、料酒，拌匀腌渍。

2 拣出香葱，倒入蛋黄，搅拌均匀，待用。

3 锅中倒入适量食用油，烧至五成热。

4 将鱼块裹上面包糠，放入油锅中，搅匀，炸至金黄色，捞入盘中即可。

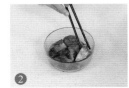

川辣红烧牛肉

● 难易度：★★☆
● 烹饪时间：30分钟　● 烹饪方法：炒

原料：卤牛肉200克，土豆100克，大葱30克，干辣椒10克，香叶4克，八角、蒜末、葱段、姜片各少许

调料：生抽、老抽、料酒、豆瓣酱、水淀粉、食用油各适量

• • 做法 • •

1 卤牛肉切小块；大葱切段；土豆切大块。

2 热锅注油，放土豆，炸至金黄色。

3 锅底留油，加干辣椒、香叶、八角、蒜末、姜片、卤牛肉、全部调料、水、土豆、葱段，炒熟即可。

黄豆焖鸡翅

● 难易度：★★☆
● 烹饪时间：22分钟　● 烹饪方法：焖

原料：水发黄豆200克，鸡翅220克，姜片、蒜末、葱段各少许

调料：盐2克，鸡粉3克，生抽2毫升，料酒6毫升，水淀粉、老抽、食用油各适量

• • 做法 • •

1 鸡翅斩成块，加盐、鸡粉、生抽、料酒、水淀粉，抓匀，腌渍入味。

2 油起锅，放姜片、蒜末、葱段、鸡翅、料酒、盐、鸡粉、清水、黄豆、老抽，炒匀。

3 倒入水淀粉勾芡，将锅中的材料盛出，装入碗中即可。

177

鸡丁炒鲜贝

● 难易度：★★☆
● 烹饪时间：2分30秒 ● 烹饪方法：炒

原料：鸡胸肉180克，香干70克，干贝85克，青豆65克，胡萝卜75克，姜末、蒜末、葱段各少许

调料：盐5克，鸡粉3克，料酒4毫升，水淀粉、食用油各适量

●●● 做法 ●●●

1 将洗净的香干切丁；去皮洗好的胡萝卜切丁。

2 将鸡胸肉切丁，放盐、鸡粉、水淀粉、食用油，腌渍入味。

3 青豆、香干、胡萝卜、干贝焯水。

4 用油起锅，放入姜末、蒜末、葱段，爆香。

5 倒入鸡肉、料酒，炒香；倒入焯过水的食材，炒匀。

6 加入适量盐、鸡粉，炒匀调味即成。

\ tips /

鸡肉入锅炒制时，宜大火快炒，以免鸡肉过老，影响其鲜嫩口感。

开心果蔬菜沙拉

● 难易度：★★☆
● 烹饪时间：5分钟 ● 烹饪方法：拌

原料：豌豆110克，玉米粒85克，红蜜豆70克，胡萝卜90克，开心果仁40克，浓缩橙汁少许，生菜100克，酸奶35克

• • 做法 • •

1 生菜撕成条形；胡萝卜切小块。
2 锅中加水、胡萝卜块、豌豆、玉米粒，焯煮断生，捞出，沥干。
3 把酸奶装碗中，加浓缩橙汁，即成酸奶酱，取碗，倒入焯好的食材，放红蜜豆、酸奶酱，搅拌；另取盘子，放入生菜，铺放好，再盛入拌好的材料，点缀上少许开心果仁即可。

胡萝卜玉米沙拉

● 难易度：★★☆
● 烹饪时间：1分钟 ● 烹饪方法：拌

原料：胡萝卜200克，鲜玉米粒100克，洋葱130克，虾仁80克，熟红腰果70克，调料：盐2克，鸡粉2克，蒸鱼豉油4毫升，罕宝橄榄油适量

• • 做法 • •

1 胡萝卜切丁，洋葱切小块；将虾背切开，去除虾线。
2 锅中加水、盐、罕宝橄榄油、胡萝卜、玉米粒、洋葱、虾仁，煮断生。
3 将食材装入碗中，放盐、鸡粉、蒸鱼豉油、罕宝橄榄油，拌匀，把拌好的食材装盘，放上红腰果即可。

蔬菜海鲜汤

● 难易度：★★☆
● 烹饪时间：3分钟
● 烹饪方法：煮

①

②

③

④

原料：草鱼肉200克，芦笋90克，芹菜50克，虾仁65克，水发干贝30克，姜片、葱段各少许

调料：盐3克，鸡粉2克，水淀粉、芝麻油各适量

tips

虾仁可以用刀背轻轻拍几下再烹饪，口感会更好。

做法

1 洗好的虾仁挑去沙线，切段；洗净的芦笋、芹菜切段；洗净的干贝压碎。

2 处理干净的草鱼肉切片，加盐、水淀粉，拌匀腌渍。

3 锅中注入适量清水烧热，放入干贝、姜片、葱段、虾仁，煮沸，撇去浮沫。

4 倒入芹菜、芦笋、盐、鸡粉、芝麻油、草鱼片，搅拌匀，煮至鱼肉熟透即成。

黄花菜健脑汤

● 难易度：★★☆
● 烹饪时间：2分30秒 ● 烹饪方法：煮

原料：水发黄花菜80克，鲜香菇40克，金针菇90克，瘦肉100克，葱花少许
调料：盐3克，鸡粉3克，水淀粉、食用油各适量

•• 做法 ••

1 鲜香菇切片；黄花菜切花蒂；金针菇切去老茎。
2 瘦肉切片，加盐、鸡粉、水淀粉、食用油，腌渍入味。
3 锅中加水、食用油、香菇、黄花菜、金针菇、盐、鸡粉、瘦肉，拌匀，煮好的汤料盛出，放葱花即成。

小麦红枣猪脑汤

● 难易度：★★☆
● 烹饪时间：82分钟 ● 烹饪方法：炖

原料：红枣20克，浮小麦10克，猪脑1具
调料：盐2克，鸡粉2克，料酒8毫升

•• 做法 ••

1 砂锅中注水烧开，倒入洗净的红枣、浮小麦，搅匀，用小火煮20分钟，至其析出有效成分。
2 倒入处理好的猪脑，淋入料酒，用小火再炖1小时，至食材熟透。
3 放盐、鸡粉，搅拌片刻，使食材入味，盛出煮好的汤料，装碗中即可。

181

调理餐 强身健体

牛肉煲芋头

● 难易度：★★☆
● 烹饪时间…81分钟 ● 烹饪方法…炒

原料：牛肉、芋头、花椒、桂皮、八角、香叶、姜片、蒜末、葱花各少许
调料：盐、鸡粉、料酒、豆瓣酱、生抽、水淀粉、食用油各适量

• • • 做法 • • •

1 洗净去皮的芋头切块；洗好的牛肉切丁，焯水。

2 油起锅，放入花椒、桂皮、八角、香叶、姜片、蒜末，爆香。

3 倒入牛肉丁、料酒、豆瓣酱、生抽、盐、鸡粉，炒匀调味。

4 倒入清水煮沸，焖至食材熟软，放入芋头，拌匀。

5 焖20分钟，至其熟透，倒入适量水淀粉勾芡。

6 将焖好的食材盛入砂煲中，盖上盖，置于火上，加热片刻，撒上葱花即可。

/ tips /

切牛肉前可以先用刀背剁几下，这样更易入味，口感也更佳。

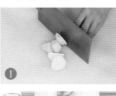

182

泡椒炒鸭肉

●难易度：★★☆

●烹饪时间：6分钟 ●烹饪方法：炒

原料：鸭肉200克，灯笼泡椒60克，泡小米椒40克，姜片、蒜末、葱段各少许

调料：豆瓣酱、盐、鸡粉、生抽、料酒、水淀粉、食用油各适量

● · ● 做法 ● · ●

1 将灯笼泡椒切小块；泡小米椒切小段；鸭肉切小块，加生抽、盐、鸡粉、料酒、水淀粉，腌渍入味。

2 锅中加水、鸭肉块，煮约1分钟。

3 油起锅，放鸭肉块、蒜末、姜片、料酒、生抽、泡小米椒、灯笼泡椒、豆瓣酱、鸡粉、水、水淀粉，放葱段即成。

青梅炆鸭

●难易度：★★☆

●烹饪时间：70分钟 ●烹饪方法：炒

原料：鸭肉块400克，土豆160克，青梅80克，洋葱60克，香菜适量

调料：盐2克，番茄酱适量，料酒、食用油各适量

● · ● 做法 ● · ●

1 将土豆切块状；洋葱切成片；青梅切去头尾。

2 锅中加水、鸭肉块、料酒，余去血渍。

3 油起锅，加鸭肉、洋葱、番茄酱、清水、青梅、土豆，加盐，煮熟；盛出炒好的菜肴，放上香菜即可。

茄汁鸡肉丸

难易度：★★☆

● 烹饪时间：4分钟

● 烹饪方法：炒

原料：鸡胸肉200克，马蹄肉30克

调料：盐2克，鸡粉2克，白糖5克，番茄酱35克，水淀粉、食用油各适量

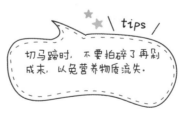

★ \ tips /

切马蹄时，不要拍碎了再剁成末，以免营养物质流失。

● ● ● 做法 ● ● ●

1 将洗好的马蹄肉剁成末；洗净的鸡胸肉切丁。

2 取搅拌机，选择绞肉刀座组合，放入肉丁，绞成肉末，放在碗中，加盐、鸡粉、水淀粉、马蹄肉，拌匀，摔打起劲。

3 锅中注油烧热，将肉末分成若干小肉丸，下入锅中炸熟，捞出待用。

4 锅底留油，放入番茄酱、白糖、肉丸，炒入味，淋上适量水淀粉勾芡即成。

184

虾酱蒸鸡翅

● 难易度：★★☆
● 烹饪时间：27分钟　● 烹饪方法：蒸

原料：鸡翅120克，姜末、蒜末、葱花各少许

调料：盐、老抽各少许，生抽3毫升，虾酱、生粉各适量

●●（做法）●●

1 在洗净的鸡翅上打上花刀，放入碗中，加生抽、老抽、姜末、蒜末、虾酱、盐、生粉，拌匀腌渍。
2 取一个干净的盘子，摆放上腌渍好的鸡翅，蒸锅上火烧开，放入装有鸡翅的盘子，用中火蒸至食材熟透。
3 取出蒸好的鸡翅，撒上葱花即成。

软熘虾仁腰花

● 难易度：★★☆
● 烹饪时间：2分钟　● 烹饪方法：炒

原料：虾仁80克，猪腰140克，枸杞3克，姜片、蒜末、葱段各少许

调料：盐3克，鸡粉4克，料酒、水淀粉、食用油各适量

●●（做法）●●

1 虾仁挑去虾线，加盐、鸡粉、料酒、水淀粉、食用油拌匀腌渍；猪腰去筋膜，切片，加盐、鸡粉、料酒、水淀粉腌渍。
2 猪腰入开水锅中氽至转色。
3 用油起锅，放姜片、蒜末、葱段爆香，放虾仁、猪腰炒熟，加料酒、盐、鸡粉、水、水淀粉炒匀，盛出放上枸杞即成。

难易度：★★☆

烹饪时间：8分钟 ● 烹饪方法：蒸

培根虾卷

原料：培根5片，虾仁60克

调料：鸡粉2克，盐2克，水淀粉4毫升，生粉3克，食用油适量

•• 做法 ••

1 将洗净的虾仁打上花刀，加生粉，抹匀。

2 取培根片，撒上少许生粉。

3 放入虾仁，卷起来，制成虾卷，装入盘中。

4 将制作好的虾卷放入烧开的蒸锅中，蒸5分钟至熟，取出。

5 取一个干净的盘，把虾卷摆在盘中。

6 用油起锅，放清水、鸡粉、盐、水淀粉，调成稠汁，浇在虾卷上即可。

tips

制作虾卷时生粉不宜加太多，以免产生苦味，影响成品鲜嫩口感。

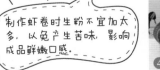

肉末烧蟹味菇

● 难易度：★★☆

● 烹饪时间：4分钟　● 烹饪方法：炒

原料：蟹味菇250克，肉末150克，豌豆80克，蒜末、葱段各少许

调料：盐、鸡粉、蚝油、料酒、生抽、水淀粉、食用油各适量

● ● 做法 ● ● ●

1 蟹味菇切去根部；热水锅中放豌豆，煮断生；放蟹味菇，氽煮至断生，

2 另起锅注油，加肉末、蒜末、葱段、豌豆、料酒、蟹味菇，炒匀。

3 加蚝油、生抽、盐、鸡粉、水、水淀粉，炒匀，盛出菜肴，装盘即可。

玉米年糕炒肉

● 难易度：★★☆

● 烹饪时间：2分30秒　● 烹饪方法：炒

原料：玉米粒120克，年糕150克，莴笋85克，猪肉丁40克

调料：盐2克，鸡粉少许，水淀粉、食用油各适量

● ● 做法 ● ● ●

1 莴笋切成丁；年糕切小块。

2 油起锅，放猪肉丁、莴笋丁、玉米粒，炒匀。

3 加入盐、鸡粉、年糕、水淀粉，炒至食材熟软，盛出，装盘中即成。

清蒸福寿鱼

● 难易度：★★☆

● 烹饪时间：13分钟 ● 烹饪方法：蒸

原料：福寿鱼700克，葱丝、姜丝、红椒丝各少许

调料：蒸鱼豉油、食用油各适量

tips

可以加入适量香菇和福寿鱼一起蒸，这样鱼肉的味道会更好。

●●● 做法 ●●●

1 福寿鱼背部切一字刀，放入盘中，放上姜丝，备用。

2 蒸锅注水烧开，放入福寿鱼，蒸10分钟至其熟透。

3 取出蒸好的福寿鱼，浇蒸鱼豉油，放葱丝、姜丝、红椒丝。

4 另起锅，注入食用油烧热，淋在鱼身上，趁热食用即可。

蛋黄酱蔬菜沙拉

- 难易度：★★☆
- 烹饪时间：6分钟　● 烹饪方法：拌

原料：秋葵60克，柠檬40克，胡萝卜65克，土豆75克，豌豆35克，蛋黄25克

调料：盐、黑胡椒粉各2克，芥末酱、橄榄油各适量

· · 做法 · ·

1　秋葵切段；胡萝卜切丁；土豆切小块。

2　取碗，加蛋黄、盐、黑胡椒粉、芥末酱、橄榄油、凉开水、柠檬汁，制成蛋黄酱。

3　锅中加水、土豆块、胡萝卜块、豌豆、秋葵，煮熟；取碗，放食材、蛋黄酱，拌匀，盛出，摆好盘即成。

南瓜苹果沙拉

- 难易度：★★☆
- 烹饪时间：21分钟　● 烹饪方法：拌

原料：南瓜200克，苹果100克，蛋黄酱15克

调料：盐1克

· · 做法 · ·

1　南瓜切小块；苹果切小块。

2　取一个碗，倒入适量清水，加入盐，放入苹果，备用。

3　蒸锅中注水烧开，放入南瓜，用大火蒸20分钟至熟，取出蒸好的南瓜，压成泥，放入碗中，放入苹果、蛋黄酱，拌匀即可。

人参糯米鸡汤

难易度：★★☆

烹饪时间：42分钟 ● 烹饪方法：炖

原料：鸡腿肉块200克，水发糯米120克，红枣、桂皮各20克，姜片15克，人参片10克

调料：盐3克，鸡粉2克，料酒5毫升

· · 做法 · ·

1 洗净的鸡腿肉块焯水，捞出待用。

2 砂锅中注入适量清水，用大火烧开。

3 放入备好的姜片，加入洗净的红枣、桂皮、人参片。

4 倒入汆过水的肉块，再放入洗净的糯米，拌匀，使材料散开。

5 盖上盖，煮沸后用小火煮约40分钟，至食材熟透。

6 加入盐、鸡粉，转中火拌煮片刻，至汤汁入味即可。

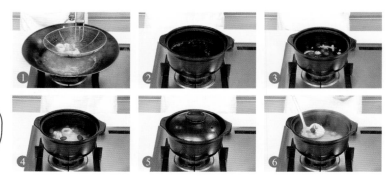

tips

糯米最好先用温水泡发，这样能缩短煲煮的时间。

190

虾米白菜豆腐汤

● 难易度：★★☆
● 烹饪时间：2分钟 ● 烹饪方法：炖

原料：虾米20克，豆腐90克，白菜200克，枸杞15克，葱花少许

调料：料酒10毫升，盐2克，鸡粉2克，食用油适量

• • 做法 • •

1 豆腐切小方块；白菜切丝。

2 用油起锅，放虾米、白菜、料酒、清水、枸杞，煮至沸腾。

3 加入豆腐，煮沸，放盐、鸡粉，搅匀调味，继续搅拌使食材入味，盛出装入碗中，撒上准备好的葱花即可。

红参淮杞甲鱼汤

● 难易度：★★☆
● 烹饪时间：62分钟 ● 烹饪方法：炖

原料：甲鱼块800克，桂圆肉8克，枸杞5克，红参3克，淮山2克，姜片少许

调料：盐2克，鸡粉2克，料酒4毫升

• • 做法 • •

1 砂锅中注水烧开，倒入姜片，放入红参、淮山、桂圆肉、枸杞，再倒入洗净的甲鱼块，淋入料酒，用小火煮至其熟软。

2 加入盐、鸡粉，搅拌均匀，煮至食材入味，将煮好的汤料盛出，装入碗中即可。

191

增强免疫力

调理餐

白芍鸭肉烧冬瓜

难易度：★★☆

● 烹饪时间…18分钟 ● 烹饪方法…炒

原料：冬瓜300克，鸭肉400克，白芍8克，姜片、葱花各少许
调料：料酒、生抽、蚝油、盐、鸡粉、水淀粉、食用油各适量

做法

1 洗净去皮的冬瓜切小块。

2 砂锅中注水烧开，放入白芍，煮15分钟，把煮好的药汁盛出。

3 洗净的鸭块焯水。

4 油起锅，放入姜片，爆香。

5 加鸭块、料酒、生抽、蚝油、水、药汁、冬瓜，拌匀，焖15分钟，至食材熟透。

6 放盐、鸡粉、水淀粉，快速炒匀，盛入盘中，撒上葱花即可。

\ tips /

焖煮的时间较长，所以冬瓜不要切得太小，以免造成煮化。

百合虾米炒蚕豆

● 难易度：★★☆
● 烹饪时间：2分钟　● 烹饪方法：炒

原料：蚕豆100克，鲜百合50克，虾米20克
调料：盐3克，鸡粉2克，水淀粉4毫升，
食用油适量

● ● ● 做法 ● ● ●

1 锅中加水、盐、食用油、蚕豆、鲜百合，煮断生，捞出。

2 用油起锅，倒入虾米，爆香，放入百合和蚕豆，翻炒均匀，加入盐、鸡粉，炒匀调味，倒入水淀粉，翻炒至食材入味，盛出炒好的食材，装入盘中即可。

蒜汁肉片

● 难易度：★★☆
● 烹饪时间：3分钟　● 烹饪方法：炒

原料：鸡胸肉300克，蒜末、葱花各少许
调料：盐2克，鸡粉2克，水淀粉12毫升，生抽4毫升，芝麻油10毫升，陈醋12毫升，食用油少许

● ● ● 做法 ● ● ●

1 鸡胸肉切薄片，装碗中，加入盐、鸡粉、水淀粉、食用油，腌渍入味。

2 砂锅中加水、鸡肉片，煮熟。

3 将葱花、蒜末放碗中，加盐、鸡粉、生抽、芝麻油、陈醋，拌匀。

4 余好的的鸡胸肉浇上味汁即可。

小白菜拌牛肉末

● 难易度：★★☆

● 烹饪时间：2分钟 ● 烹饪方法：拌

原料：牛肉100克，小白菜160克，高汤100毫升

调料：盐、白糖、番茄酱、料酒、水淀粉、食用油各适量

tips

炒制牛肉末时高汤不宜倒入太多，以免掩盖牛肉本身的鲜味。

 做法

1 将洗好的小白菜切段；洗净的牛肉剁成末。

2 小白菜焯水，装盘待用。

3 用油起锅，倒入牛肉末，炒匀，淋入料酒，炒香，倒入适量高汤。

4 加入番茄酱、盐、白糖、水淀粉，快速搅拌均匀，盛在装好盘的小白菜上即成。

①

②

③

④

银鱼蒸粉藕

● 难易度：★★☆
● 烹饪时间：11分钟　● 烹饪方法：蒸

原料：莲藕250克，银鱼30克，瘦肉100克，葱丝、姜丝各少许

调料：盐2克，料酒5毫升，水淀粉5毫升，生抽、食用油各适量

● ● 做法 ● ●

1 莲藕切片；瘦肉切丝，加盐、料酒、水淀粉、食用油，腌制片刻。
2 将莲藕整齐摆在蒸盘上，依次放上肉丝、银鱼，待用。
3 蒸锅上，放蒸锅，熟透，摆上姜丝、葱丝，热锅注油，浇在菜肴上，淋入生抽即可。

玉米粒炒杏鲍菇

● 难易度：★★☆
● 烹饪时间：1分30秒　● 烹饪方法：炒

原料：杏鲍菇120克，玉米粒100克，彩椒60克，蒜末、姜片各少许

调料：盐3克，鸡粉2克，白糖少许，料酒4毫升，水淀粉、食用油各适量

● ● 做法 ● ●

1 杏鲍菇切小丁块；彩椒切丁。
2 锅中加水、盐、食用油、玉米粒、杏鲍菇、彩椒丁，煮断生，捞出。
3 用油起锅，放入姜片、蒜末，爆香，倒入焯过水的食材，淋入料酒，加盐、鸡粉、白糖、水淀粉，翻炒均匀即成。

炒牛蒡胡萝卜丝

● 难易度：★★☆

● 烹饪时间：一分30秒

● 烹饪方法：炒

原料：胡萝卜150克，芹菜15克，牛蒡65克

调料：盐、鸡粉、食用油各适量

tips
胡萝卜最好切得粗细均匀一些，这样可以使菜肴的样式更美观。

做法

1 将去皮洗净的牛蒡、芹菜、胡萝卜切丝。
2 用油起锅，倒入牛蒡丝，炒匀炒香。
3 放入胡萝卜丝、芹菜丝，炒匀，至食材断生。
4 加入少许盐、鸡粉，炒匀调味即成。

红油魔芋结

● 难易度：★★☆

● 烹饪时间：5分钟 ● 烹饪方法：拌

原料：汇润魔芋小结150克，黄瓜150克，朝天椒20克，蒜末、葱末各少许

调料：盐2克，白糖3克，生抽、陈醋、芝麻油、辣椒油各5毫升

• • 做法 • •

1 黄瓜切丝；朝天椒切圈；取碗，放清水、魔芋结，清洗片刻。

2 锅中加水、魔芋结，焯煮；取盘，盘底铺摆黄瓜，放魔芋结；取小碗，加朝天椒圈、蒜末、葱末、生抽、白糖、盐、陈醋、芝麻油、辣椒油。

3 调味汁浇在黄瓜和魔芋结上即可。

西瓜哈密瓜沙拉

● 难易度：★★☆

● 烹饪时间：1分钟 ● 烹饪方法：拌

原料：西瓜200克，圣女果35克，哈密瓜150克

调料：沙拉酱适量

• • 做法 • •

1 洗净的西瓜取瓜肉，改切成小块。

2 洗好去皮的哈密瓜取果肉，再切块。

3 取一个果盘，放入切好的水果、洗净的圣女果，摆好，再挤上适量沙拉酱即可。

菠萝苦瓜鸡块汤

● 难易度：★★☆

● 烹饪时间：41分钟

● 烹饪方法：炖

原料：鸡肉块300克，菠萝肉200克，苦瓜150克，姜片、葱花各少许

调料：盐、鸡粉各2克，料酒6毫升

· · (做法) · ·

1　洗好的苦瓜切成块；洗净的菠萝肉切成小块。

2　锅中注水烧开，倒入洗好的鸡肉块，氽去血水，捞出，沥干。

3　砂锅中注水烧开，倒入鸡肉块、姜片，拌匀，淋入料酒。

4　烧开后用小火煮约35分钟。

5　倒入苦瓜、菠萝，拌匀，用小火煮至食材熟透。

6　加入盐、鸡粉，拌匀调味，盛入碗中，点缀上葱花即可。

\ tips /

苦瓜瓤要刮除干净，可以减轻苦味。

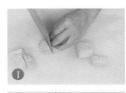

枸杞羊肉汤

● 难易度：★★☆
● 烹饪时间：46分钟　● 烹饪方法：炖

原料：羊肉片300克，枸杞5克，姜片、葱段各少许

调料：盐2克，鸡粉2克，生抽3毫升，料酒10毫升

· · 做法 · ·

1 锅中加水、羊肉、料酒，汆去杂质，捞出，沥干水分。

2 砂锅中加水、羊肉、姜片、葱段、料酒、枸杞、盐、鸡粉、生抽，煮熟。

3 搅拌均匀，至食材入味，将煮好的汤料盛出，装入碗中即可。

花生莲藕绿豆汤

● 难易度：★★☆
● 烹饪时间：47分钟　● 烹饪方法：炖

原料：莲藕150克，水发花生60克，水发绿豆70克

调料：冰糖25克

· · 做法 · ·

1 将洗净去皮的莲藕对半切开，再切成薄片，备用。

2 砂锅中注水烧开，放入洗好的绿豆、花生，用小火煲煮约30分钟，倒入切好的莲藕，用小火续煮15分钟至食材熟透。

3 放入冰糖，拌煮至溶化，盛出煮好的绿豆汤即可。

滋补肾阳
调理餐

葱韭牛肉

● 难易度：★★☆
● 烹饪时间：32分钟
● 烹饪方法：炒

原料：牛腱肉、南瓜、韭菜、小米椒、泡小米椒、姜、葱段、蒜各少许

调料：鸡粉、盐、豆瓣酱、料酒、生抽、老抽、五香粉、水淀粉、冰糖

★ ★ tips

切牛肉前可以先用刀背剁几下，这样更易入味，口感也更佳。

做法

1 锅中加水、老抽、鸡粉、盐、牛腱肉、五香粉，煮熟。

2 将洗净的红小米椒切圈；把泡小米椒切碎；洗好的韭菜切段；洗净去皮的南瓜切块。

3 用油起锅，倒入蒜末、姜片、葱段，爆香，倒入小米椒、泡椒、牛肉块、料酒、豆瓣酱、生抽、老抽、盐、南瓜块，炒至变软。

4 加入冰糖、水、鸡粉，煮开后用小火续煮入味，倒入韭菜段，用水淀粉勾芡即可。

酱爆大葱羊肉

● 难易度：★★☆
● 烹饪时间：4分钟 ● 烹饪方法：炒

原料：羊肉片130克，大葱段70克，黄豆酱30克

调料：盐、鸡粉、白胡椒粉各1克，生抽、料酒、水淀粉各5毫升，食用油适量

●●● 做法 ●●●

1 羊肉片装碗，加入盐、料酒、白胡椒粉、水淀粉、食用油，拌匀腌渍。
2 热锅注油，倒入腌好的羊肉炒约1分钟至转色；倒入黄豆酱、大葱，炒香；加入鸡粉、生抽，大火翻炒约1分钟至入味。
3 关火后盛出菜肴，装盘即可。

粉蒸牛肉

● 难易度：★★☆
● 烹饪时间：21分钟 ● 烹饪方法：蒸

原料：牛肉300克，蒸肉米粉100克，蒜末、红椒、葱花各少许

调料：料酒5毫升，生抽4毫升，蚝油4克，水淀粉5毫升，食用油适量

●●● 做法 ●●●

1 牛肉切片。
2 取碗，加牛肉、盐、鸡粉、料酒、生抽、蚝油、水淀粉、蒸肉米粉，装蒸盘中。
3 蒸锅上，放牛肉，蒸熟；装另一盘中，放蒜苗、红椒、葱花；锅中注食用油，浇在牛肉上即可。

原料：光鸡400克，茶树菇、腐竹、姜片、蒜末、葱段各少许
调料：豆瓣酱、盐、鸡粉、料酒、生抽、水淀粉、食用油各适量

茶树菇腐竹炖鸡肉

难易度：★★☆
烹饪时间：12分钟
烹饪方法：炖

· · 做法 · · ·

1 将光鸡斩成小块，焯水；洗净的茶树菇切段。

2 热锅注油烧热，倒入腐竹，炸至虎皮状，再浸在清水中。

3 用油起锅，放姜片、蒜末、葱段爆香。

4 倒入鸡块、料酒、生抽、豆瓣酱，翻炒几下。

5 加入盐、鸡粉、水、腐竹，炒匀，煮沸后用小火煮8分钟，倒入茶树菇，煮熟。

6 转大火收汁，倒入适量水淀粉勾芡即成。

tips
炸好的腐竹要用温水浸泡，能缩短泡发的时间，还可使其涨发得更饱满。

东安子鸡

- 难易度：★★☆
- 烹饪时间：4分30秒　● 烹饪方法：炒

原料：鸡肉400克，红椒35克，辣椒粉15克，花椒8克，姜丝30克

调料：料酒、鸡粉、盐、鸡汤、米醋、辣椒油、花椒油、食用油各适量

··（做法）··

1　锅中注水烧开，放鸡肉、料酒、鸡粉、盐，煮至七成熟；斩小块；红椒切丝。

2　油起锅，加姜丝、花椒、辣椒油、鸡肉块、鸡汤、米醋、盐、鸡粉、辣椒油、花椒油、红椒丝，炒匀，炒至断生即可。

腰豆炒虾仁

- 难易度：★★☆
- 烹饪时间：4分钟　● 烹饪方法：炒

原料：红腰豆80克，虾仁60克，圆椒5克，黄彩椒5克

调料：盐2克，鸡粉3克，料酒、水淀粉各适量

··（做法）··

1　黄彩椒切块；圆椒切块。

2　用油起锅，倒入虾仁，炒香；加入圆椒、黄彩椒，炒匀；放入红腰豆，炒匀；淋入料酒，加入盐、鸡粉，翻炒约2分钟至入味；倒入水淀粉，炒匀。

3　盛出炒好的虾仁，装入盘中即可。

虾仁炒猪肝

● 难易度：★★☆
● 烹饪时间：2分钟
● 烹饪方法：炒

原料：虾仁50克，猪肝100克，苦瓜80克，彩椒120克，姜片、蒜末、葱段各少许

调料：盐、鸡粉、水淀粉、料酒、白酒、食用油各适量

tips

猪肝宜现切现做，不仅流失营养，炒熟后有颗粒凝结在猪肝上，影响外观和口感。

做法

1 洗净的彩椒、苦瓜切块；洗净的虾仁去虾线。

2 洗好的猪肝切片，放入虾仁，加盐、鸡粉、水淀粉、白酒，拌匀腌渍；苦瓜、彩椒块、虾仁、猪肝分别焯水。

3 用油起锅，放入姜片、蒜末、葱段爆香；倒入虾仁、猪肝、料酒、苦瓜、彩椒，炒匀。

4 加鸡粉、盐、水淀粉翻炒片刻即成。

蒜蓉豆豉蒸虾

● 难易度：★★☆

● 烹饪时间：12分钟　● 烹饪方法：蒸

原料：基围虾270克，豆豉15克，彩椒末、姜片、蒜末、葱花各少许

调料：盐、鸡粉各2克，料酒4毫升

・・ 做法 ・・

1 基围虾去除头部，去除虾线。

2 取碗，加鸡粉、盐、料酒，制成味汁。

3 取蒸盘，放基围虾，放味汁、豆豉、葱花、姜片、蒜末、彩椒末；放入蒸盘，蒸熟，取出蒸好的菜肴，待稍微放凉后即可食用。

清炒生蚝

● 难易度：★★☆

● 烹饪时间：1分30秒　● 烹饪方法：炒

原料：生蚝肉180克，彩椒40克，姜片、葱段各少许

调料：料酒4毫升，生抽3毫升，蚝油3克，水淀粉3毫升，食用油适量

・・ 做法 ・・

1 洗好的彩椒切条，再切成小块。

2 锅中加水、彩椒、生蚝肉，煮至断生。

3 用油起锅，放入姜片、葱段，爆香，倒入生蚝肉、彩椒，淋入料酒，加入生抽、蚝油，炒匀调味，倒入水淀粉炒匀即可。

● 烹饪时间：2分钟 ● 烹饪方法：炒

● 难易度：★★☆

人参炒腰花

原料：猪腰300克，人参40克，姜片、葱段各少许
调料：盐、鸡粉、料酒、生粉、生抽、水淀粉、食用油各适量

· · 做法 · ·

1 洗好的人参切段。

2 洗净的猪腰切开，去除筋膜，切上花刀，再切片。

3 猪腰中加入鸡粉、盐、料酒、生粉，拌匀，腌渍入味，备用。

4 锅中注水烧开，倒入猪腰，拌匀，煮约半分钟，捞出，沥干。

5 用油起锅，倒入姜片、葱段，爆香，倒入人参，炒匀。

6 放入猪腰，加入料酒、生抽、鸡粉、盐，炒匀调味，用水淀粉勾芡即可。

tips

本品适合体质虚弱者食用，若其他人群食用，应减少人参的用量。

韭黄炒腰花

● 难易度：★★☆
● 烹饪时间：2分钟　● 烹饪方法：炒

原料：猪腰150克，韭黄150克，红椒20克，蒜末少许

调料：生抽、料酒、鸡粉、盐、水淀粉、生粉、食用油各适量

● ● 做法 ● ●

1 韭黄切长段；红椒切细丝。
2 猪腰切去筋膜，切条，加生抽、盐、鸡粉、料酒、生粉，拌匀。
3 锅中加水、猪腰，煮约1分钟，去除腥味；油起锅，加蒜末、猪腰、料酒、生抽、韭黄、红椒、盐、鸡粉、水淀粉，炒片刻使其入味即可。

海蜇豆芽拌韭菜

● 难易度：★★☆
● 烹饪时间：3分30秒　● 烹饪方法：拌

原料：水发海蜇丝120克，黄豆芽90克，韭菜100克，彩椒40克

调料：盐2克，鸡粉2克，芝麻油2毫升，食用油适量

● ● 做法 ● ●

1 彩椒切条；韭菜、黄豆芽切段。
2 锅中加水、海蜇丝、黄豆芽、食用油、彩椒、韭菜，煮至断生。
3 将煮好的食材装入碗中，加入盐、鸡粉、芝麻油，搅拌均匀，盛出，装入盘中即可。

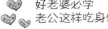

生蚝豆腐汤

● 难易度：★★☆
● 烹饪时间：3分钟
● 烹饪方法：煮

原料：豆腐200克，生蚝肉120克，鲜香菇40克，姜片、葱花各少许

调料：盐3克，鸡粉、胡椒粉各少许，料酒4毫升，食用油适量

tips

放入豆腐后，搅拌的动作要轻一些，以免造成将豆腐弄碎了。

 做法

1 将洗净的香菇切丝；洗好的豆腐切块；豆腐、生蚝肉焯水。

2 用油起锅，放入姜片爆香；倒入香菇丝，炒匀。

3 放入生蚝肉、料酒，炒香，注入600毫升清水，用大火煮沸。

4 倒入豆腐块、盐、鸡粉、胡椒粉，续煮入味，放在碗中，撒上葱花即成。

百合花旗参腰花汤

● 难易度：★★☆

● 烹饪时间：32分钟　● 烹饪方法：煮

原料：猪腰240克，蒲公英5克，红枣15克，干百合、花旗参各少许

调料：盐2克，鸡粉2克，料酒4毫升，胡椒粉少许

● ● ● 做法 ● ● ●

1 猪腰去除筋膜，切条形。
2 砂锅中加水、百合、花旗参、蒲公英、红枣、猪腰、料酒，煮熟。
3 加入盐、鸡粉、胡椒粉，搅拌均匀，至食材入味，盛出煮好的汤料，装入碗中即可。

清炖羊肉汤

● 难易度：★★☆

● 烹饪时间：82分钟　● 烹饪方法：煮

原料：羊肉块350克，甘蔗段120克，白萝卜150克，姜片20克

调料：料酒20毫升，盐3克，鸡粉2克，胡椒粉2克，食用油适量

● ● 做法 ● ●

1 洗净去皮的白萝卜切段。
2 锅中加水、羊肉块、料酒，氽去血水。
3 砂锅中加水、羊肉块、甘蔗段、姜片、料酒、白萝卜，拌匀，煮熟，加入盐、鸡粉、胡椒粉，续煮片刻，拌匀，使食材入味即可。

护肝明目
调理餐

胡萝卜炒鸡肝

难易度：★★☆

● 烹饪时间：一分30秒 ● 烹饪方法：炒

原料：鸡肝200克，胡萝卜70克，芹菜65克，姜片、蒜末、葱段各少许
调料：盐3克，鸡粉3克，料酒8毫升，水淀粉3毫升，食用油适量

••• 做法 •••

1 将洗净的芹菜切段，去皮洗好的胡萝卜切条，洗好的鸡肝切片，放盐、鸡粉、料酒，抓匀腌渍。

2 胡萝卜、鸡肝分别焯水。

3 用油起锅，放入姜片、蒜末、葱段爆香。

4 倒入鸡肝片，拌炒匀，淋入料酒，炒香。

5 倒入胡萝卜、芹菜，翻炒匀。

6 加入适量盐、鸡粉、水淀粉，炒匀即可。

tips

切鸡肝前，可将其用冷水浸泡再清洗干净，以溶解鸡肝中可溶的有毒物质。

南瓜炒牛肉

● 难易度：★★☆
● 烹饪时间：2分钟　● 烹饪方法：炒

原料：牛肉175克，南瓜150克，青椒、红椒各少许

调料：盐3克，鸡粉2克，料酒10毫升，生抽4毫升，水淀粉、食用油各适量

• • 做法 • •

1 南瓜切片；青椒、红椒切条形。
2 牛肉切片，加盐、料酒、生抽、水淀粉、食用油，腌渍约10分钟。
3 锅中加水、南瓜片、青椒、红椒、食用油，焯煮；油起锅，加牛肉、料酒、食料、盐、鸡粉、水淀粉，炒匀即可。

火腿炒鸡蛋

● 难易度：★★☆
● 烹饪时间：4分钟　● 烹饪方法：炒

原料：鸡蛋80克，火腿肠75克，黄油8克，西蓝花20克

调料：盐1克

• • 做法 • •

1 火腿肠去包装，切丁；西蓝花切小块；取一碗，打入鸡蛋，加入盐，打散成蛋液。
2 锅置火上，放入黄油，烧至溶化，倒入蛋液，炒匀，放入西蓝花，炒约2分钟至熟，倒入火腿丁，翻炒至香气飘出，盛出炒好的菜肴，装盘即可。

肉末胡萝卜炒青豆

● 难易度：★★☆

● 烹饪时间：2分钟

● 烹饪方法：炒

原料：肉末90克，青豆90克，胡萝卜100克，姜末、蒜末、葱末各少许

调料：盐3克，鸡粉少许，生抽4毫升，水淀粉、食用油各适量

tips

倒入焯煮过的食材后可选用大火翻炒，这样能缩短烹饪的时间。

•• 做法 ••

1　将洗净的胡萝卜切成粒；胡萝卜粒、青豆焯水。

2　用油起锅，倒入肉末，炒至松散；放姜末、蒜末、葱末，炒香、炒透。

3　淋入生抽，倒入焯煮过的食材炒匀。

4　转小火，调入盐、鸡粉、水淀粉炒匀即成。

胡萝卜炒杏鲍菇

- 难易度：★☆☆
- 烹饪时间：2分钟　● 烹饪方法：拌

原料：胡萝卜100克，杏鲍菇90克，姜片、蒜末、葱段各少许

调料：盐3克，鸡粉少许，蚝油4克，料酒3毫升，食用油、水淀粉各适量

· · 做法 · ·

1 将洗净的杏鲍菇、胡萝卜切片。
2 锅中注水烧开，放食用油、盐，倒入胡萝卜片、杏鲍菇，煮熟捞出。
3 用油起锅，放姜片、蒜末、葱段爆香，倒入胡萝卜片、杏鲍菇翻炒匀，再淋入料酒，炒香、炒透；加盐、鸡粉、蚝油、水淀粉炒匀勾芡即成。

胡萝卜丝炒包菜

- 难易度：★★☆
- 烹饪时间：2分30秒　● 烹饪方法：

原料：胡萝卜150克，包菜200克，圆椒35克

调料：盐、鸡粉各2克，食用油适量

· · 做法 · ·

1 洗净去皮的胡萝卜切片，改切成丝；洗好的圆椒切细丝；洗净的包菜切去根部，再切粗丝，备用。
2 用油起锅，倒入胡萝卜，炒匀，放入包菜、圆椒，炒匀，注入少许清水，炒至食材断生。
3 加入少许盐、鸡粉，炒匀调味，关火后盛出炒好的菜肴即可。

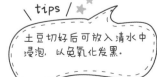

翡翠沙拉

难易度：★★☆
烹饪时间：5分钟　烹饪方法：拌

原料：金针菇70克，土豆80克，胡萝卜45克，彩椒30克，黄瓜180克，紫甘蓝35克

调料：沙拉酱适量

• • 做法 • •

1 将洗净的胡萝卜、彩椒、黄瓜、紫甘蓝切丝。

2 洗净的土豆去皮、切丝。

3 锅中注水烧开，倒入金针菇，搅匀，煮至八九成熟，捞出。

4 把土豆放入沸水锅中，煮约2分钟至熟，捞出待用。

5 取一个盘子，放入金针菇、黄瓜、土豆、彩椒、胡萝卜。

6 倒入紫甘蓝，挤上沙拉酱即成。

tips
土豆切好后可放入清水中浸泡，以免氧化发黑.

南瓜生菜沙拉

● 难易度：★★☆
● 烹饪时间：1分钟　● 烹饪方法：拌

原料：生菜70克，南瓜70克，胡萝卜50克，牛奶30毫升，紫甘蓝50克
调料：沙拉酱、番茄酱适量

● ·（做法）· ●

1 胡萝卜切丁；南瓜切丁；生菜切块；紫甘蓝切丝。
2 锅中加水、胡萝卜、南瓜、紫甘蓝，搅匀，略煮片刻。
3 将余好的食材装入碗中，放入生菜，搅匀，取一个盘，倒入蔬菜、牛奶，挤上适量的沙拉酱、番茄酱即可。

菊花绿豆浆

● 难易度：★★☆
● 烹饪时间：16分钟　● 烹饪方法：煮

原料：水发绿豆60克，干白菊10克

● ·（做法）· ●

1 将已浸泡4小时的绿豆洗净，倒入滤网，沥干水分。
2 将备好的干白菊、绿豆倒入豆浆机中，注水至水位线，盖上豆浆机机头，选择"五谷"程序，再选择"开始"键，开始打浆，待豆浆机运转约15分钟，即成豆浆。
3 把煮好的豆浆倒入滤网，滤取豆浆，把滤好的豆浆倒入杯中即可。

菊花苹果甜汤

● 难易度：★★☆

● 烹饪时间：22分钟

● 烹饪方法：炖

原料：苹果140克，冰糖20克，水发菊花45克，蜜枣40克，无花果少许

★ \ tips /

蜜枣本身很甜，加入的冰糖不宜太多，以免口感腻人。

 做法

1　将去皮洗净的苹果切开，取出果核，再切小丁块。

2　锅中注入适量清水烧热，倒入洗净的无花果。

3　撒上备好的蜜枣，放入苹果丁，倒入备好的菊花。

4　盖上盖，烧开后用小火煮约20分钟，撒上冰糖，煮化即可。

明目枸杞猪肝汤

● 难易度：★★☆
● 烹饪时间：21分钟　● 烹饪方法：炖

原料：石斛20克，菊花10克，枸杞10克，猪肝200克，姜片少许

调料：盐2克，鸡粉2克

做法

1 猪肝切片；石斛、菊花装入隔渣袋中，收紧袋口。
2 锅中加水、猪肝，汆去血水。
3 砂锅中加水，放入装有药材的隔渣、猪肝、姜片、枸杞，拌匀，煮至熟，放入盐、鸡粉，拌匀调味，取出隔渣袋，将煮好的汤料盛出，装入汤碗中即可。

银杞明目汤

● 难易度：★★☆
● 烹饪时间：7分钟　● 烹饪方法：炖

原料：水发银耳200克，猪肝65克，枸杞5克，茉莉花4克，姜片少许

调料：盐、鸡粉、食粉、食用油各适量

做法

1 银耳切去根部，切片；猪肝切片，加盐、鸡粉，抓匀。
2 锅中加水、食粉、银耳，煮至八成熟。
3 另起锅，加水、食用油、姜片、茉莉花、枸杞、银耳，煮熟；放入腌渍好的猪肝，拌匀煮沸；加入适量盐、鸡粉，拌匀调味，盛入碗中即成。

健脾开胃
调理餐

莲藕炖鸡

难易度：★★☆

烹饪时间：17分钟 烹饪方法：炖

原料：莲藕80克，光鸡180克，姜末、蒜末、葱花各少许

调料：盐、鸡粉、生抽、料酒、白醋、水淀粉、食用油各适量

···（做法）···

1 将去皮洗净的莲藕切丁，焯水。
2 把鸡肉切块，加盐、鸡粉、生抽、料酒，拌匀腌渍。
3 用油起锅，倒入姜末、蒜末爆香。
4 放入鸡块、生抽、料酒，炒匀。
5 倒入藕丁、清水、盐、鸡粉炒匀，煮沸后用小火焖煮15分钟。
6 倒入水淀粉勾芡，盛入盘中，撒上葱花即成。

\ tips /

取下锅盖后，要将锅里的浮沫捞去，使汤汁的味道更醇厚。

棒棒鸡

- 难易度：★★☆
- 烹饪时间：2分钟　● 烹饪方法：炖

原料：鸡胸肉350克，熟芝麻15克，蒜末、葱花各少许

调料：盐4克，料酒10毫升，鸡粉2克，辣椒油5毫升，陈醋5毫升，芝麻酱10克

• •【做法】• •

1 锅中注水烧开，放入整块鸡胸肉，放盐，淋入料酒，煮熟，捞出，用擀面杖敲打松散，撕成鸡丝，装入碗中。
2 碗中放入蒜末、葱花、盐、鸡粉、辣椒油、陈醋、芝麻油，拌匀调味，把拌好的棒棒鸡装入盘中，撒上熟芝麻和葱花即可。

爽口鸡肉

- 难易度：★★☆
- 烹饪时间：2分钟　● 烹饪方法：炒

原料：鸡胸肉70克，白果30克，菠菜15克，姜末、蒜末、葱末各少许

调料：盐、鸡粉、老抽、生抽、料酒、水淀粉、食用油各适量

• •【做法】• •

1 将洗净的菠菜切小段。
2 鸡胸肉切肉丁，加盐、鸡粉、水淀粉、食用油，腌渍入味。
3 锅中加水、盐、白果，煮熟软；油起锅，放鸡肉丁、姜末、蒜末、葱末、料酒、生抽、白果、水、盐、鸡粉、菠菜、老抽、水淀粉，炒熟。

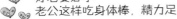

肉松鲜豆腐

● 难易度：★★☆

● 烹饪时间：1分30秒

● 烹饪方法：炒

①

②

③

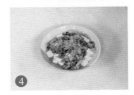④

原料：肉松30克，火腿50克，小白菜45克，豆腐190克

调料：盐3克，生抽2毫升，食用油适量

★ tips

豆腐含有人体必需的蛋氨酸，与肉类食材同时烹饪，提高蛋白质的利用率。

 做法

1 将洗净的豆腐切块，焯水，装盘。
2 洗好的小白菜、火腿切成粒。
3 用油起锅，倒入火腿粒炒香；下入小白菜、生抽、盐，炒匀。
4 把炒制好的材料盛放在豆腐块上，最后放上肉松即可。

香芋粉蒸肉

● 难易度：★★☆

● 烹饪时间：25分钟　● 烹饪方法：蒸

原料：香芋230克，五花肉380克，干辣椒段10克，蒸肉米粉90克，葱花、蒜泥各少许

调料：料酒、生抽、盐、鸡粉各适量

· · 做法 · ·

1 香芋、五花肉切片，加料酒、生抽、盐、鸡粉、蒜泥、蒸肉米粉、干辣椒段，拌匀。

2 取盘子，放香芋片、五花肉。

3 蒸锅注水烧开，放入食材，大火蒸25分钟至熟透，取出，撒上葱花即成。

蒸冬瓜肉卷

● 难易度：★★☆

● 烹饪时间：12分钟　● 烹饪方法：蒸

原料：冬瓜400克，水发木耳90克，午餐肉200克，胡萝卜200克，葱花少许

调料：鸡粉2克，水淀粉4毫升，芝麻油、盐各适量

· · 做法 · ·

1 木耳、胡萝卜、午餐肉切丝；冬瓜切片。

2 冬瓜片放入开水锅中煮断生；将冬瓜片铺在盘中，放午餐肉、木耳、胡萝卜，定型制成卷。

3 冬瓜卷放蒸锅中蒸熟；炒锅注水，放盐、鸡粉、水淀粉、芝麻油煮开，调成味汁，浇在冬瓜卷上，放上葱花即可。

原料：净鲫鱼350克，花椒、姜片、蒜末、葱段各少许

调料：盐、鸡粉、白糖、老抽、生抽、陈醋、生粉、水淀粉、食用油

醋焖鲫鱼

难易度：★★☆

烹饪时间：3分30秒　烹饪方法：焖

• • 做法 • •

1 将处理干净的鲫鱼放盐、生抽、生粉，裹匀鱼身，腌渍。

2 热锅注油烧热，放入鲫鱼炸至金黄色，捞出待用。

3 锅底留油烧热，放入花椒、姜片、蒜末、葱段爆香。

4 加生抽、白糖、盐、鸡粉、陈醋，拌匀煮沸，放入鲫鱼。

5 淋入老抽，边煮边浇汁，煮至鱼肉入味，盛入盘中，

6 将锅中留下的汤汁烧热，用水淀粉勾芡，调成味汁，浇在鱼身上即成。

tips

炸鲫鱼时，要及时翻面以使其受热均匀。

222

生汁炒虾球

● 难易度：★★☆

● 烹饪时间：1分钟　● 烹饪方法：炒

原料：虾仁130克，沙拉酱40克，炼乳40克，蛋黄1个，西红柿30克，蒜末各少许

调料：盐3克，鸡粉2克，生粉、食用油各适量

• • 做法 • •

1　西红柿切瓣，去除表皮，切成粒。

2　虾仁去除虾线，加盐、鸡粉、蛋黄、生粉，拌匀。

3　沙拉酱装碗中，加炼乳，制成调味汁；热锅注油，放虾肉，炸断生；油起锅，加蒜末、西红柿、虾仁，炒至食材入味即成。

豆芽拌洋葱

● 难易度：★★☆

● 烹饪时间：3分钟　● 烹饪方法：拌

原料：黄豆芽100克，洋葱90克，胡萝卜40克，蒜末、葱花各少许

调料：盐2克，鸡粉2克，生抽4毫升，陈醋3毫升，辣椒油、芝麻油各适量

• • 做法 • •

1　洋葱、胡萝卜切丝。

2　锅中加水、黄豆芽、胡萝卜、洋葱、蒜末、葱花、生抽，拌匀。

3　加入盐、鸡粉、陈醋、辣椒油，淋入少许芝麻油，拌匀，盛出，装入盘中即可。

橘子豌豆炒玉米

● 难易度：★★☆

● 烹饪时间：5分钟 ● 烹饪方法：炒

原料：玉米粒70克，豌豆95克，橘子肉120克，葱段少许

调料：盐1克，鸡粉1克，水淀粉、食用油各适量

tips

可选用罐装的甜玉米粒，这样成品的口感会更香甜。

● ● 做法 ● ●

1 洗净的玉米粒、豌豆、橘子肉焯水，捞出待用。

2 锅中注油烧热，放入葱段，爆香。

3 放入焯过水的食材，炒匀。

4 加盐、鸡粉翻炒入味；倒入水淀粉炒匀即可。

山楂糕拌梨丝

●难易度：★★☆
●烹饪时间：1分钟　●烹饪方法：拌

原料：雪梨120克，山楂糕100克
调料：蜂蜜15毫升

・・做法・・

1 将洗净的雪梨对半切开，再去除果皮，切小瓣，去除果核，把果肉切成片，改切成细丝，山楂糕切细丝。
2 把切好的雪梨装入碗中，倒入切好的山楂糕，淋入适量蜂蜜，搅拌一会儿，使蜂蜜溶于食材中。
3 取一个干净的盘子，盛入拌好的食材，摆好盘即成。

草莓苹果沙拉

●难易度：★★☆
●烹饪时间：3分钟　●烹饪方法：拌

原料：草莓90克，苹果90克
调料：沙拉酱10克

・・做法・・

1 洗好的草莓去蒂，切成小块；洗净的苹果去核，切成小块。
2 把切好的食材装入碗中，加入适量沙拉酱，搅拌一会儿，至其入味。
3 将拌好的水果沙拉盛出装盘即可。

225

鲜桃黄瓜沙拉

● 难易度：★★☆
● 烹饪时间：一分钟 ● 烹饪方法：拌

原料：黄瓜120克，黄桃150克

调料：盐1克，白糖3克，苹果醋15毫升

• • 做法 • •

1 洗净的黄桃切开，去核，把果肉切小块。

2 洗好的黄瓜切开，用斜刀切小块，备用。

3 取一个碗，倒入切好的黄瓜、黄桃。

4 淋入适量苹果醋。

5 加入少许白糖、盐，搅拌均匀，至食材入味。

6 将拌好的食材装入盘中即成。

\ tips /

食材拌好后可放入冰箱冷藏一会儿，口感更佳。

车前草猪肚汤

● 难易度：★★☆
● 烹饪时间：26分钟　● 烹饪方法：炖

原料：猪肚200克，水发薏米、水发赤小豆各35克，车前草、蜜枣、姜片各少许
调料：盐、鸡粉、料酒、胡椒粉各适量

··· 做法 ···

1 锅中加水烧热，放入猪肚，去除异味，切去油脂，切粗丝。
2 砂锅中加水、猪肚、车前草、蜜枣、薏米、赤小豆、姜片、料酒，煮2个小时。
3 加盐、鸡粉、胡椒粉，拌匀，拣出车前草，盛出煮好的汤料即可。

节瓜西红柿汤

● 难易度：★★☆
● 烹饪时间：5分30秒　● 烹饪方法：炖

原料：节瓜200克，西红柿140克，葱花少许
调料：盐2克，鸡粉少许，芝麻油适量

··· 做法 ···

1 将洗好的节瓜切开，去除瓜瓤，再改切段；洗净的西红柿切小瓣。
2 锅中注入适量清水烧开，倒入切好的节瓜、西红柿，搅拌匀，用大火煮至食材熟软。
3 加入盐、鸡粉，注入适量芝麻油，拌匀、略煮，盛出煮好的西红柿汤，装在碗中，撒上葱花即可。

柑橘山楂饮

● 难易度：★★☆

● 烹饪时间：15分30秒 ● 烹饪方法：炖

原料：柑橘100克，山楂80克

tips

煮制此汤时，火候不宜过大，会破坏其营养成分。

①

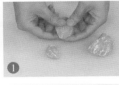②

③

④

做法

1 将柑橘去皮，果肉分成瓣。

2 洗净的山楂对半切开，去核，果肉切成小块。

3 砂锅中注入适量清水烧开，倒入柑橘、山楂。

4 盖上盖，用小火煮15分钟，至其析出有效成分，搅动片刻，盛入碗中即可。

原料：黄瓜120克，火龙果肉片110克，橙子100克，雪梨90克，蓝莓80克，柠檬70克

调料：沙拉酱15克

做法

1 将洗净的橙子去除果皮，果肉切小块。

2 洗净去皮的雪梨切小块。

3 洗好去皮的黄瓜切小块。

4 把切好的食材装入碗中。

5 倒入洗净的蓝莓，放入火龙果肉片。

6 挤上沙拉酱，再挤入柠檬汁，拌至食材入味，取盘子，摆上余下的火龙果肉片，再盛入拌好的食材，摆好盘即成。

难易度：★★☆

烹饪时间：2分钟

烹饪方法：拌

蓝莓果蔬沙拉

\ tips /

黄瓜的皮不宜去得太多，以免损失营养物质。

水果酸奶沙拉

● 难易度：★★☆

● 烹饪时间：一分钟

● 烹饪方法：拌

原料：火龙果120克，香蕉110克，猕猴桃、圣女果各100克，草莓95克，酸牛奶100毫升

调料：沙拉酱10克

tips

香蕉切开后要立即使用，以免肉质氧化变黑。

 做法

1 将洗净的圣女果切小块；洗好的草莓切小块；香蕉去除果皮，果肉切小块；洗净去皮的猕猴桃切小块；洗净的火龙果取出果肉，切小块。

2 把水果装入碗中。

3 倒入酸牛奶，加入沙拉酱。

4 拌至食材入味，取盘子，盛入拌好的水果沙拉，摆好盘即成。

①

②

③

④